宇宙
用語圖鑑

宇宙物理學者
二間瀨敏史〔著〕
中村俊宏〔編〕
徳丸ゆう〔繪〕

瑞昇文化

C O N T E N T S

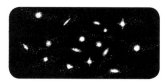

第 **3** 章

太陽系的成員

第 **4** 章

恆星的世界

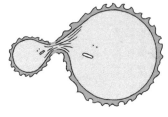

宇宙哲學＆
科學名人堂

第 **5** 章

銀河系與銀河宇宙

第 **6** 章

宇宙的歷史

第 **7** 章

宇宙相關的基礎用語

本書的使用方式

本書主要是以容易理解的方式講述
宇宙與天文相關的「基本關鍵字」與
「重要關鍵字」。讀者可以依照下述方式來翻閱。

1　查閱不懂的用語

在書本、新聞、科學館的解說中，遇到不懂的用語時，可查詢本書後面的索引，翻找對應頁數的解說。

2　僅翻閱想讀的部分

書中刊載的項目各自獨立，不管從哪裡開始都能閱讀。相關項目彙整在同一章節，一起閱讀後可加深理解。全部共分成七章，讀者可選擇「喜歡的章節」來閱讀。

3　每天讀一點

「對於宇宙還不是很了解」或者想要讀給孩子聽的你，我們也推薦「每天睡前讀一點」的方式。

重力塌縮

Gravitational collapse

重力塌縮是指，年長的沉重星體因承受不了自身重量而崩塌的現象。質量超過太陽8倍的星體，最後會因重力塌縮而整顆星體爆發開來。這就是超新星爆炸（p.22）。

星體的質量決定老後樣貌

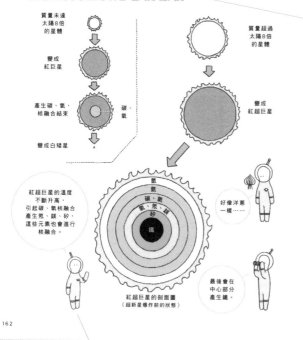

質量未達
太陽8倍
的星體

↓

變成
紅巨星

↓

產生碳、氧，
核融合結束

碳、
氧

↓

變成白矮星。

質量超過
太陽8倍
的星體

↓

變成
紅超巨星

紅超巨星的溫度
不斷升高，
引起碳、氧核融合
產生氖、鎂、矽，
這些元素也會進行
核融合。

氦
碳、氖
氧、鎂、硫
矽
鐵

好像洋蔥
一樣……

最後會在
中心部分
產生鐵。

紅超巨星的剖面圖
（超新星爆炸前的狀態）

162

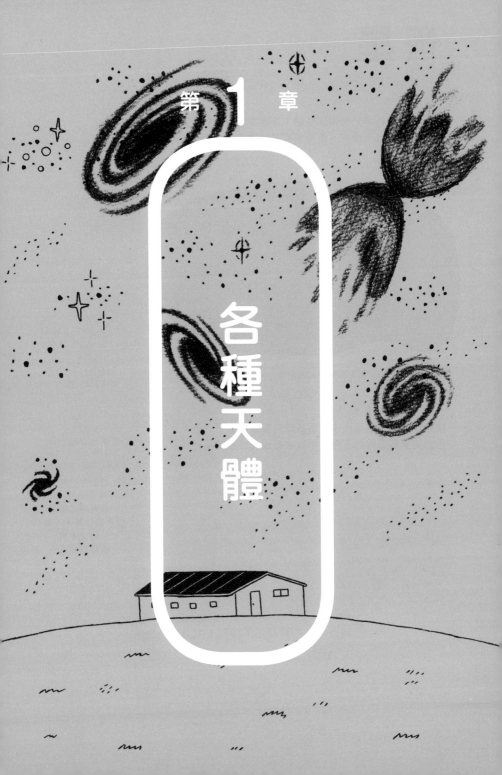

第 **1** 章

各種天體

恆星

Star/Fixed star

恆星是會自行發光閃耀的星體，夜空中的星星幾乎都是恆星。
恆星是由氣體所構成，表面溫度可達數千度以上，發出耀眼的光芒。

太陽也是
恆星唷。

為什麼叫做「恆星」？

從地球上觀測，夜空中兩恆星的位置關係幾乎不變。
因為位置關係保持不變，所以才被稱為恆定的星體＝恆星。

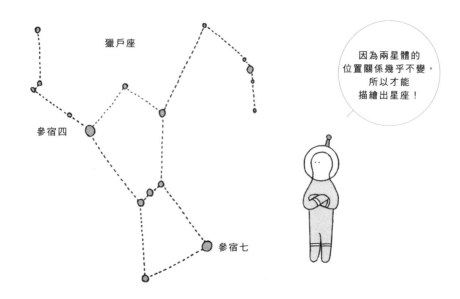

獵戶座

參宿四

參宿七

因為兩星體的
位置關係幾乎不變，
所以才能
描繪出星座！

恆星的外觀不是「星狀」？

恆星的外觀通常為圓球狀。
星星氣體的熱膨脹力量與自身重量（重力）的收縮力量剛好達成平衡，星體因而呈現球型。

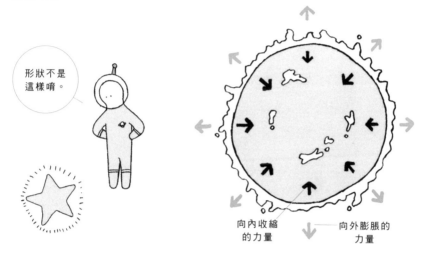

形狀不是
這樣唷。

向內收縮
的力量

向外膨脹的
力量

宇宙中有多少顆恆星？

恆星會在宇宙中形成星系（p.30），一個星系約有1000億顆恆星。
就目前所知，宇宙中有超過1000億個星系。
換句話說，宇宙中有超過1000億×1000億顆以上的恆星。

宇宙的星體個數
比全世界海岸的
沙粒數還多。
真的就是
「多如繁星
數不清」。

行星
Planet

行星是環繞在恆星周圍的星體。
行星的溫度低於恆星，自己本身不發光，而是反射中心恆星的光芒來發亮。

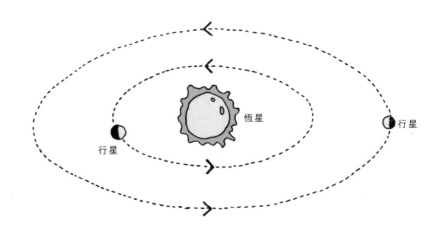

恆星

行星

行星

太陽系有多少顆行星？

太陽系（p.68）有八顆行星。
地球是太陽系第三行星。

從大顆的行星
到小顆的行星，
真是各式各樣～

依照和太陽的距離排序

第一行星

第二行星

第三行星

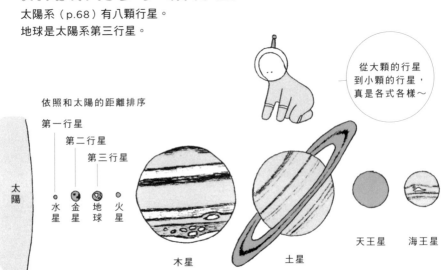

太陽

水星　金星　地球　火星

木星　　　　土星　　　　天王星　海王星

為什麼叫做「行星」？

夜空可見的行星，有時明明上個禮拜接近某星體（恆星），今晚卻看起來接近另一個星體，位置不固定，像是會行走一樣，所以才被稱為行星。

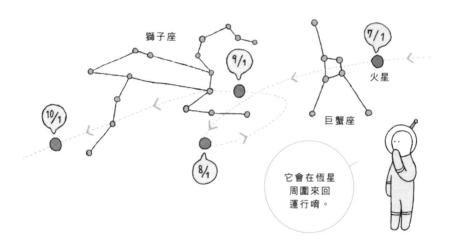

它會在恆星周圍來回運行唷。

衛星

Satellite/Natural satellite/Moon

衛星是在行星周圍繞行的星體。
衛星本身也不發光，而是反射恆星的光芒來發亮。

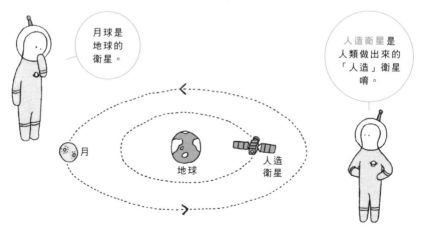

月球是地球的衛星。

人造衛星是人類做出來的「人造」衛星唷。

矮星

Dwarf star

矮星是「小型星體」。
矮星分為紅矮星、棕矮星、白矮星等數種，各有不同的性質。

太陽

紅矮星

我是遠比太陽輕、亮度偏暗的恆星，但比太陽還要長壽喔。

棕矮星

我是比紅矮星還輕，介於恆星與行星之間的星體。

白矮星

地球

我是類似太陽的星體，最後只會剩下地球大小的高溫星體唷。

巨星

Giant star

巨星，是大小（直徑）有太陽10倍至100倍的巨大明亮星體。
比巨星更大的星體，稱為 超巨星（supergiant）、特超巨星
（hypergiant）。

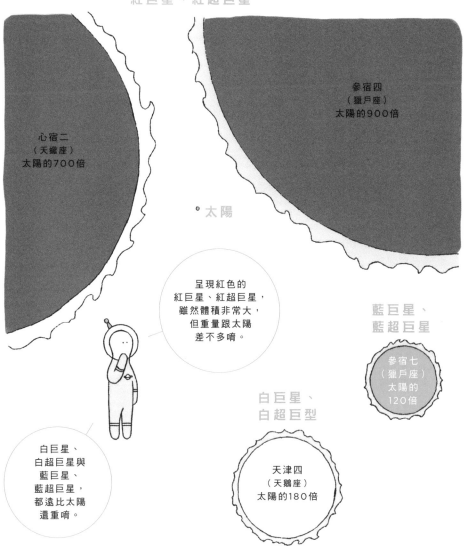

紅巨星、紅超巨星

心宿二
（天蠍座）
太陽的700倍

參宿四
（獵戶座）
太陽的900倍

太陽

呈現紅色的
紅巨星、紅超巨星，
雖然體積非常大，
但重量跟太陽
差不多唷。

藍巨星、
藍超巨星

參宿七
（獵戶座）
太陽的
120倍

白巨星、
白超巨型

白巨星、
白超巨星與
藍巨星、
藍超巨星，
都遠比太陽
還重唷。

天津四
（天鵝座）
太陽的180倍

超新星

Supernova

超新星（超新星爆炸）是指，沉重星體在生命終章前最後一次的大爆炸。
質量超過太陽8倍以上的沉重星體，才會發生超新星爆炸。

雖然名字聽起來
像是誕生
「新的星體」
般有光輝燦爛感，
但其實是星體臨終前
的最後煙火。

超新星有多亮？

若是銀河系（p.199）出現超新星的話，亮度會有滿月的100倍那麼明亮，就連白
天也能看見耀眼的光芒。

它會一瞬間
放出巨大能量，
那可是相當於
太陽終生（約100億年）
的全部能量唷。

太陽

超新星

超新星什麼時候會出現？

就目前所知，銀河系約每隔100年出現1次超新星。不過，近400年來尚未出現超新星。

據說獵戶座的參宿四可能形成超新星唷。真想親眼看看。

新星與超新星有何不同？

新星（新星爆炸）是指，白矮星（p.159）表面發生爆炸，星體短暫發出耀眼光芒的現象。（p.161）
新星與超新星都不是誕生「新的星體」的現象。

當白矮星的附近出現其他星體時，會發生新星爆炸。

中子星
Neutron star

中子星是超新星爆炸（p.22）後所形成，體積極小、質量非常重的超高密度星體。因為充滿構成原子的基本粒子之一·中子，所以被稱為中子星。

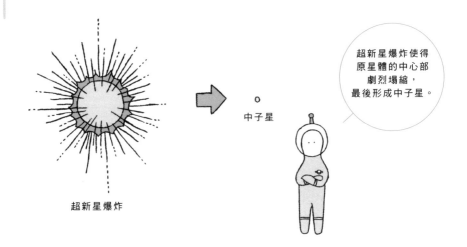

超新星爆炸使得原星體的中心部劇烈塌縮，最後形成中子星。

中子星

超新星爆炸

一顆方糖大小的中子星約有多重？

超高密度的中子星，光一顆方糖大小就有數億噸重。
如果是和太陽同重的中子星，大小僅有太陽的7萬分之1左右（半徑約10公里）。

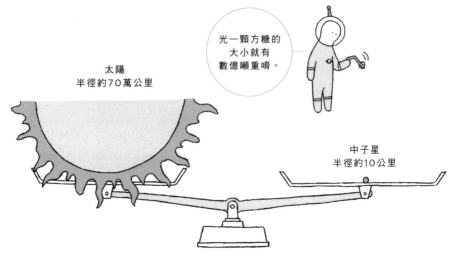

光一顆方糖的大小就有數億噸重唷。

太陽
半徑約70萬公里

中子星
半徑約10公里

黑洞
Black hole

黑洞是比中子星更高密度的星體。
科學家認為，質量超過太陽數十倍的星體，發生超新星爆炸後會形成黑洞。

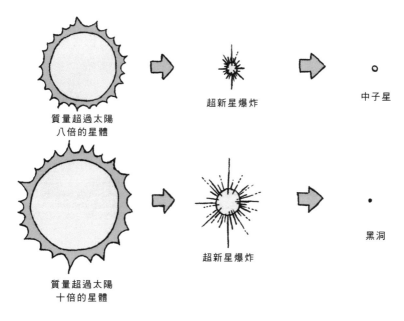

超新星爆炸

中子星

質量超過太陽
八倍的星體

超新星爆炸

黑洞

質量超過太陽
十倍的星體

黑洞周圍會形成強大的重力，就連世界上速度最快的光也難逃魔掌，直接被
黑洞的重力吸進去，所以黑洞看起來才會那麼「漆黑」。

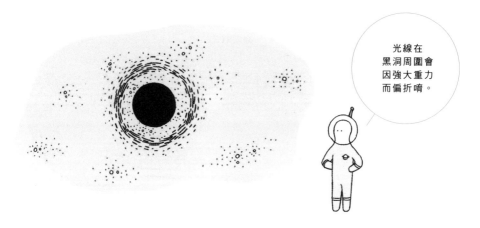

光線在
黑洞周圍會
因強大重力
而偏折唷。

星雲
Nebula

星雲，是由氣體、塵埃（塵粒）所組成的雲狀天體。
宇宙空間飄散著非常稀薄的氣體、塵埃（合稱為星際介質〔p.140〕），其中
比較濃厚的部分會形成星雲。

暗星雲

看起來
一片漆黑的
星雲

瀰漫星雲（發射星雲）

光輝燦爛的
星雲

星雲是「恆星的搖籃」？

恆星是從星雲中誕生的。當恆星燃燒到生命盡頭時，會再次變回星雲，從中再形
成新的恆星。因此，星雲被稱作「恆星的搖籃」。

新的恆星是
從充滿星體
材料的星雲中
誕生出來的。

※過去會將「無法分解成單一星體的雲朵狀朦朧天體」統稱為星雲。其中也包含了被分類在星系（p.30）中的類型。
本項所提到的天體，在現今被稱為星際雲（p.141）。

星團
Star cluster

星團是指，我們所屬銀河系（p.199）中的恆星集團。
構成星團的恆星顆數，少則數十顆、多則數百萬顆。

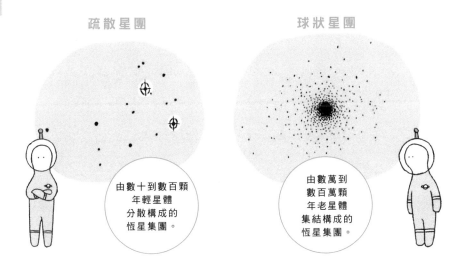

疏散星團

由數十到數百顆
年輕星體
分散構成的
恆星集團。

球狀星團

由數萬到
數百萬顆
年老星體
集結構成的
恆星集團。

太陽以前也是星團的一員？

科學家認為，星團是恆星同時從星雲中誕生所構成的集團。
雖然我們的太陽現在不屬於星團，但過去可能曾與其他兄弟恆星聚集在一起。

和太陽一起
誕生的兄弟恆星
現在都在哪兒呢？

彗星

Comet

彗星，是環繞太陽的小天體中，接近太陽時會拖出「彗尾」的星體。因為呈現這樣的姿態，彗星又被稱為「掃帚星」。

大多數的彗星是在細長橢圓軌道上運行，每隔數年至數百年才會回歸太陽附近。

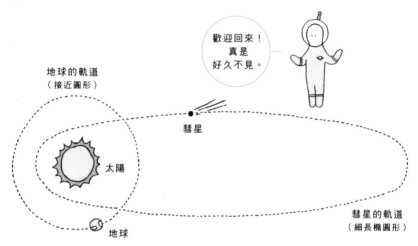

彗星其實是「骯髒的雪球」？

彗星的本體（彗核）是由直徑約數公里的冰混雜岩石、金屬塵埃所構成，因而又被稱作「骯髒的雪球」。

彗星接近太陽時，冰會受熱融化，朝著和太陽相反的方向噴出氣體、塵埃，形成美麗的彗尾。

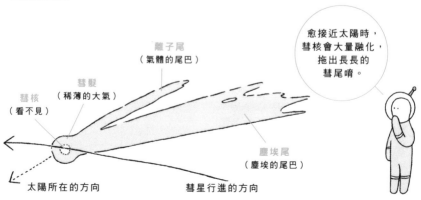

流星

Meteor/Shooting star

流星多為噴出塵埃的彗星進入地球後，與大氣層摩擦產生高溫的發光現象。
非常明亮的流星，又被稱為火流星。

流星不是
宇宙中的天體，
而是地球大氣層
中的發光現象。

流星雨是彗星留下來的禮物？

當彗星繞經地球旁邊，在軌道上如河川般噴出大量塵埃時，這些塵埃會衝進
大氣層，形成眾多的流星。這就是流星雨。

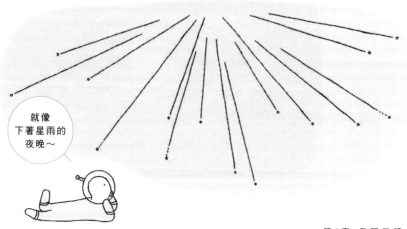

就像
下著星雨的
夜晚～

星系
Galaxy

星系，是由約數百萬顆至數千億顆恆星所構成的集團。恆星不是均勻分散於宇宙中，而是以星系這種群聚集團形式存在。
就目前所知，宇宙中有數千億個星系。

螺旋星系

橢圓星系

這是形成漂亮螺旋模樣的星系。

這是恆星聚集成圓形、橢圓形的星系唷。

太陽系位於名為銀河系的「棒旋星系」（p.206）之中唷。

太陽系的位置

星系群

Group of galaxy

如同恆星聚集構成星系，星系也會形成集團。
其中，比較小型（約數個至數十個星系）的集團稱為星系群。

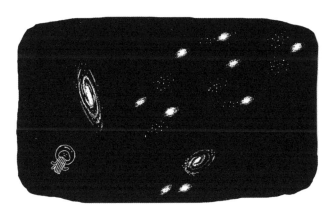

銀河系是由
三十個左右的
星系和星系群
所構成的。

星系團

Galaxy cluster

比較大型（約100個至數千個星系）的集團稱為星系團。

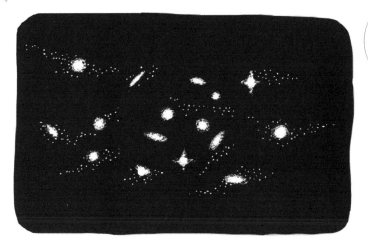

後面還會介紹
更大型的
星系集團唷。

01

柏拉圖與亞里斯多德

B.C.427 - B.C.347、B.C.384 - B.C.322

再加上蘇格拉底，即為耳熟能詳的
「古希臘三大哲學家」，
他們兩人也對宇宙有一番研究。柏拉圖（Plato）
提倡「地球是宇宙的中心，月球、太陽和其他星球
環繞其周圍形成天球（p.56）」的天動說（地心說）。
亞里斯多德（Aristotle）繼承柏拉圖的思維，
相信存在一個轉動天球的
「不動的推動者（unmoved mover）」。

02

阿里斯塔克斯

B.C.310 - B.C.230左右

古希臘天文學者阿里斯塔克斯（Aristarchus），
運用巧妙的方法推測月亮和太陽的大小，
發現太陽遠大於地球。
於是，阿里斯塔克斯猜想：
「宇宙的中心或許不是地球，而是太陽。」
因為比哥白尼還早1800年提出地動說（日心說），
因此他又被稱為「古代的哥白尼」。

第 2 章

太陽、月亮與地球

太陽
Sun

太陽是最接近地球的恆星，主要由氫、氦所構成的巨大氣體星球。
就恆星來說，太陽是不大不小的「標準恆星」。

太陽的大小、重量與表面溫度

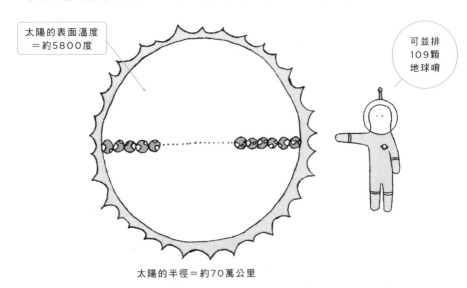

太陽的表面溫度
＝約5800度

可並排
109顆
地球唷

太陽的半徑＝約70萬公里

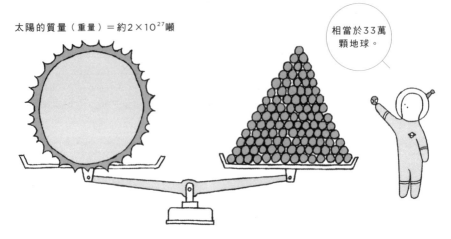

太陽的質量（重量）＝約2×10^{27}噸

相當於33萬
顆地球。

太陽有在自轉？

極圈附近約以
32天自轉一圈

赤道附近約以
27天自轉一圈

太陽是由
氣體所構成，
不同地方的
自轉速率會
不一樣。

太陽距離地球多遠？

地球約以一年環繞太陽一圈（公轉）。
地球與太陽的平均距離約1億4960萬公里，此距離稱為「1天文單位」
（p.72）。

太陽

約1億4960萬公里

地球

地球的公轉軌道

太陽釋放出多少能量？

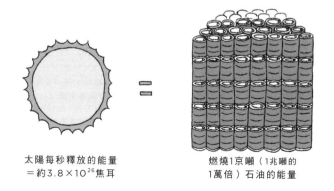

太陽每秒釋放的能量
＝約3.8×10^{26}焦耳

燃燒1京噸（1兆噸的
1萬倍）石油的能量

光球層
Photoshpere

光球層是太陽等恆星的明亮表面。
由氣體構成的太陽沒有明顯的表層，所以會將光線幾乎都能夠穿過的部分當
作太陽的表面，稱之為光球層。

太陽的表面結構

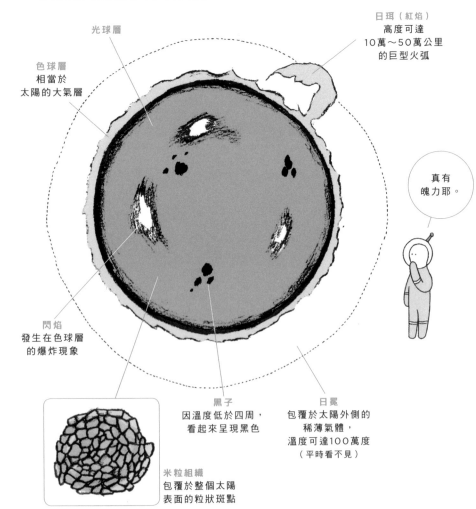

光球層

色球層
相當於
太陽的大氣層

日珥（紅焰）
高度可達
10萬～50萬公里
的巨型火弧

真有
魄力耶。

閃焰
發生在色球層
的爆炸現象

米粒組織
包覆於整個太陽
表面的粒狀斑點

黑子
因溫度低於四周，
看起來呈現黑色

日冕
包覆於太陽外側的
稀薄氣體，
溫度可達100萬度
（平時看不見）

黑子

Sunspot

黑子是太陽表面的黑色點狀物。因為溫度比四周低1000～2000度，所以看起來呈現黑色，但其實黑子的部分還是有在發光的。
黑子是太陽表面磁場強大的部分。

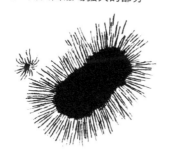

大型的黑子會比地球還要大唷。

黑子數量跟太陽的活動有關？

黑子的周期為11年，數量上有所增減。
黑子數量較多時，太陽表面的活動旺盛，經常發出閃焰。相反地，黑子數量較少時，太陽表面的活動和緩。

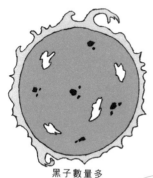

黑子數量多

黑子數量少

過去黑子稀少的狀態曾持續數十年之久，太陽活動減弱，造成地球整體寒冷化。

閃焰

Flare

閃焰是恆星表面發生的爆炸現象。
發生於太陽的閃焰稱為太陽閃焰、日閃焰，太陽閃焰是太陽系中規模最大的
爆炸現象。
黑子數量較多時，常發生大規模的閃焰。

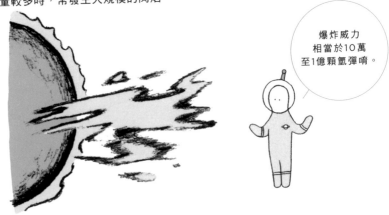

爆炸威力
相當於10萬
至1億顆氫彈唷。

閃焰會引發極光、磁暴現象？

閃焰會發出X射線等強力輻射、高能帶電粒子（帶有電荷的粒子）。當這些抵達地
球時，低緯度地區也能看見極光，或者引起造成通訊障礙的磁暴。

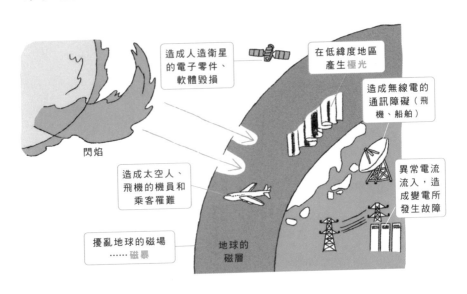

造成人造衛星
的電子零件、
軟體毀損

在低緯度地區
產生極光

造成無線電的
通訊障礙（飛
機、船舶）

閃焰

造成太空人、
飛機的機員和
乘客罹難

異常電流
流入，造
成變電所
發生故障

擾亂地球的磁場
……磁暴

地球的
磁層

超級閃焰會襲擊地球？

比起太陽大規模的閃焰，更強上100倍至1000倍以上的爆炸現象，稱為超級閃焰（Superflare）。太陽的超級閃焰，每隔數千年才會發生一次。

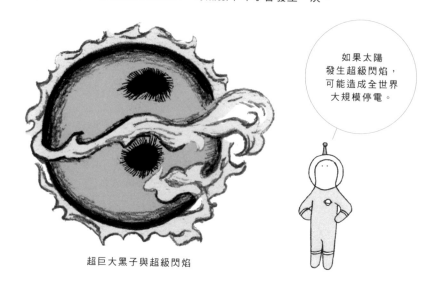

超巨大黑子與超級閃焰

如果太陽發生超級閃焰，可能造成全世界大規模停電。

「宇宙天氣預報」能夠預測閃焰的發生？

觀測太陽的人造衛星、世界各地的天文台都有在監視太陽的活動，目前正在規劃遇到大規模的閃焰等現象時，由宇宙天氣預報中心發布警報的體制。

宇宙天氣預報中心

現在的太陽

閃焰預報　地磁預報

稍加注意　平穩

在IT資訊化的時代，宇宙天氣預報變得不可欠缺。

核融合
Nuclear fusion reaction

太陽等恆星藉由核融合產生龐大的能量。
核融合發生於太陽中心的核心，產生的能量會以光、熱的形式向外傳播。

太陽的內部結構

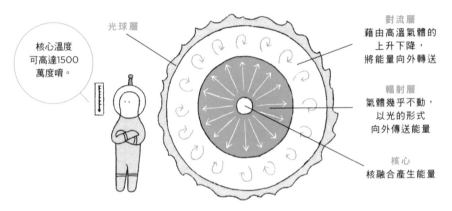

光球層

核心溫度
可高達1500
萬度唷。

對流層
藉由高溫氣體的
上升下降，
將能量向外轉送

輻射層
氣體幾乎不動，
以光的形式
向外傳送能量

核心
核融合產生能量

為什麼核融合會產生能量？

在太陽的核心，四個氫原子核（質子）可融合成一個氦原子核，過程中稍微
減少的質量，會轉為龐大的能量。這可用「質量能夠轉換成能量」的相對論
（p.272）來解釋。

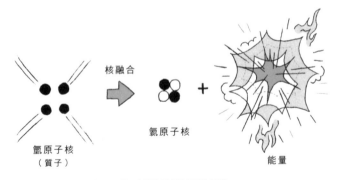

核融合

氫原子核
（質子）

氦原子核

能量

※四個氫原子核不會突然就融合成氦原子核，實際的反應途徑更為複雜。
※除了氦原子核之外，還會產生正電子（p.262）、微中子（p.261）等基本粒子。

太陽風
Solar wind

除了光線之外，太陽也會以每秒約100萬噸的超高速，向宇宙空間射出高能質子、電子等帶電粒子，形成太陽風。
來自太陽的太陽風經過數天就會抵達地球，接著直接吹向太陽系的盡頭。

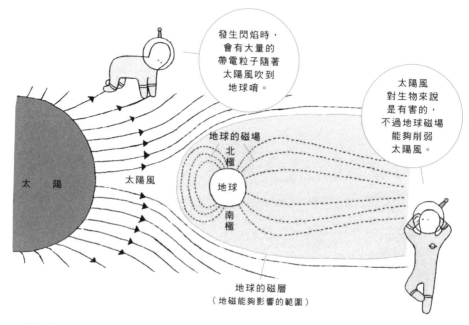

發生閃焰時，會有大量的帶電粒子隨著太陽風吹到地球唷。

太陽風對生物來說是有害的，不過地球磁場能夠削弱太陽風。

地球的磁場
北極
地球
南極

太陽

太陽風

地球的磁層
（地磁能夠影響的範圍）

為什麼極光會出現五顏六色？

一部分的太陽風粒子受到地球的磁力線影響，進入南北極的大氣層，帶電粒子與大氣層中的氧、氮碰撞後，會發出紅光、綠光等色光，形成五顏六色的極光。

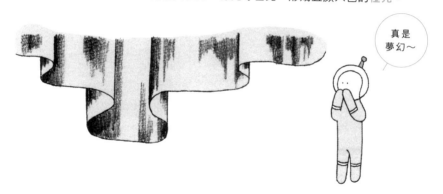

真是夢幻～

日全食
Total eclipse

日食（又稱日蝕），是太陽被月球遮住的現象。
太陽整個被月球遮住的現象，稱為日全食；僅一部分被遮住的現象，稱為日偏食。

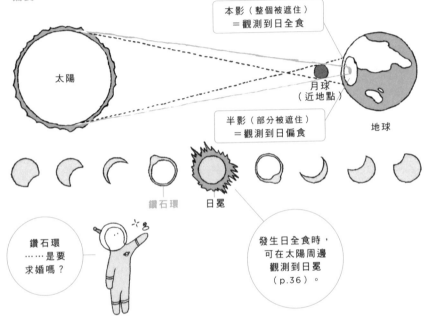

本影（整個被遮住）
＝觀測到日全食

太陽

月球
（近地點）

地球

半影（部分被遮住）
＝觀測到日偏食

鑽石環　日冕

鑽石環
……是要
求婚嗎？

發生日全食時，
可在太陽周邊
觀測到日冕
（p.36）。

為什麼日食不常出現？

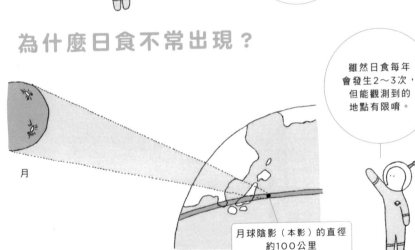

雖然日食每年
會發生2～3次，
但能觀測到的
地點有限唷。

月

月球陰影（本影）的直徑
約100公里

日環食

Annular eclipse

當月球的視直徑略小於太陽，沒有辦法整個遮住時，太陽外側會形成戒指般的亮圈，發生日環食的現象。

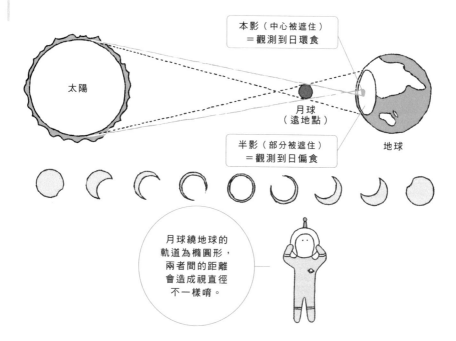

本影（中心被遮住）
＝觀測到日環食

太陽

月球
（遠地點）

半影（部分被遮住）
＝觀測到日偏食

地球

月球繞地球的軌道為橢圓形，兩者間的距離會造成視直徑不一樣唷。

日本下次何時能再觀測到日食？

絕對不能錯過唷～

2030年6月1日
日環食

2041年10月25日
日環食

2035年9月2日
日全食

月球

Moon

月球是環繞地球運轉的衛星（p.19）。

月球的大小約為地球的4分之1。相較於太陽系的其他行星，地球的衛星顯得有點過大了。

地球與月球的大小比較

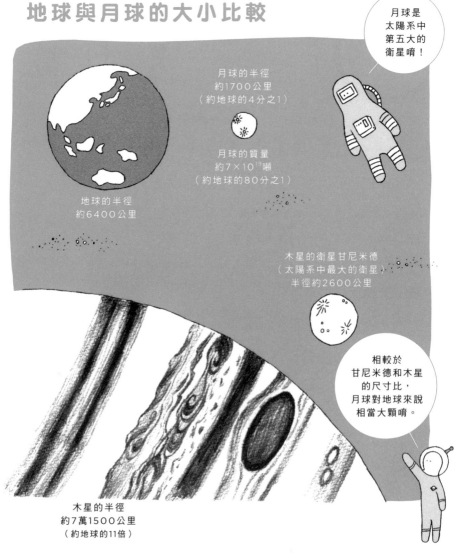

月球是太陽系中第五大的衛星唷！

月球的半徑
約1700公里
（約地球的4分之1）

月球的質量
約7×10^{19}噸
（約地球的80分之1）

地球的半徑
約6400公里

木星的衛星甘尼米德
（太陽系中最大的衛星）
半徑約2600公里

相較於甘尼米德和木星的尺寸比，月球對地球來說相當大顆唷。

木星的半徑
約7萬1500公里
（約地球的11倍）

地球與月球間的距離變化很大？

月球與地球的平均距離約為38萬公里。不過，月球的公轉軌道並非完全的圓形，而是呈現橢圓形，最大距離約達40萬公里。

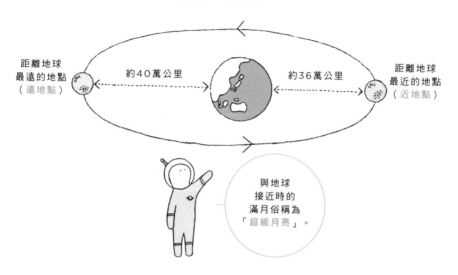

距離地球
最遠的地點
（遠地點）

約40萬公里

約36萬公里

距離地球
最近的地點
（近地點）

與地球
接近時的
滿月俗稱為
「超級月亮」。

為什麼月球總是以同一面朝向地球？

從地球上觀測，總是看到月球的同一面（可以看見兔子模樣的那面）。這是因為月球約以27天公轉一圈的同時，剛好也自轉一圈的緣故。

從地球可觀測到的月面稱為月表。不過，由於月球自轉軸進動（稱作天秤動）的關係，實際上能夠看到約六成的月面。

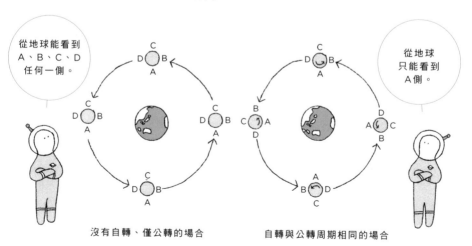

從地球能看到
A、B、C、D
任何一側。

從地球
只能看到
A側。

沒有自轉、僅公轉的場合

自轉與公轉周期相同的場合

高地

Highland

高地，是月面充滿隕石坑（p.47）、觀測起來明亮的險峻地形。由白色、質輕的斜長岩所構成。

月海

Lunar mare

月海，是月面隕石坑較少、觀測起來晦暗的平坦地形，並不是真的存在液態水。「月洋」、「月湖」、「月灣」等，雖然大小、形狀不同，但同樣都是月海。由黑色沉重的玄武岩所構成。

月表明顯的月海與隕石坑

日本人覺得月海的模樣像是玉兔搗麻糬，但外國人覺得像是女性側臉、螃蟹等。

隕石坑的名稱多取自著名天文學者的名字。

靜海是人類首次登月時的場所唷。

冷海
雨海
風暴洋
澄海
危海
靜海
濕海
雲海
酒海
豐海
第谷坑

隕石坑

Crater

隕石坑，是受到天體撞擊形成的圓形凹陷地形。

科學家認為，月球的隕石坑是由隕石（p.104）等撞擊月面所形成。因為月球沒有大氣層，隕石能夠直接衝撞表面，再加上沒有風雨的風化作用，以及地殼變動改變地形，使得表面留下許多隕石坑。

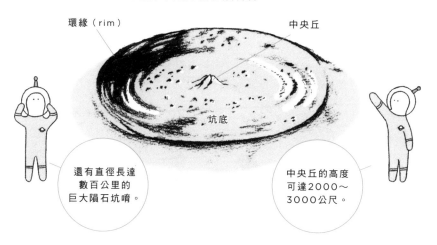

環緣（rim）

中央丘

坑底

還有直徑長達數百公里的巨大隕石坑唷。

中央丘的高度可達2000～3000公尺。

豎坑

Vertical hole

豎坑，是月面上直徑超過五十公尺、深達數十公尺的大穴坑。在日本的月球探測機「**輝夜姬**」（p.64）拍攝的照片中被發現。

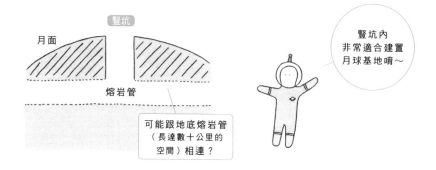

豎坑

月面

熔岩管

可能跟地底熔岩管（長達數十公里的空間）相連？

豎坑內非常適合建置月球基地唷～

月球背面
Fare side of the moon

月球背面，是從地球觀測不到的月半球。
直到發射探測機觀測月球背面，人類才曉得月球背面的模樣。
月球背面與月表明顯不同，幾乎沒有月海，一片白茫茫。

月球背面顯著的月海與隕石坑

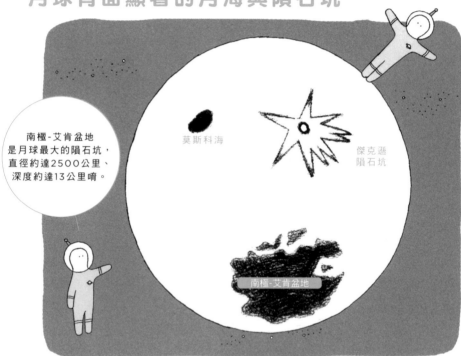

南極-艾肯盆地
是月球最大的隕石坑，
直徑約達2500公里、
深度約達13公里唷。

莫斯科海

傑克遜
隕石坑

南極-艾肯盆地

能夠在月球背面建置天文台嗎？

在月球背面，來自地球的光、電波
幾乎被遮蔽，而且月球上沒有影響
望遠鏡的大氣層，可說是天體觀測
的最佳場所。

潮汐力
Tidal force

潮汐力是引起地球「海水漲潮」現象的力量。

海水漲潮，是靠近月球側較大、遠離月球側較小的月球引力（重力），與地球和月球重力所形成的離心力拉鋸，所引起的「膨脹」現象。

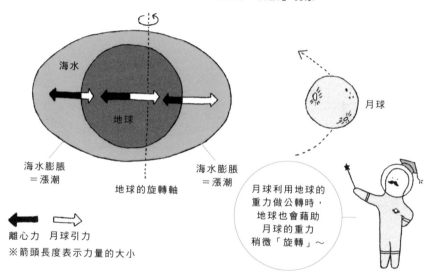

海水

地球

海水膨脹＝漲潮

地球的旋轉軸

海水膨脹＝漲潮

月球

← 離心力　⇨ 月球引力

※箭頭長度表示力量的大小

月球利用地球的重力做公轉時，地球也會藉助月球的重力稍微「旋轉」～

月球會因潮汐力離地球愈來愈遠？

漲潮引起的海水移動，會與海底產生摩擦，干擾地球的自轉，造成地球的自轉速率變慢（約10萬年慢1秒）。這會使得月球的公轉半徑變大，離地球愈來愈遠。月球平均每年遠離地球2～3公分。

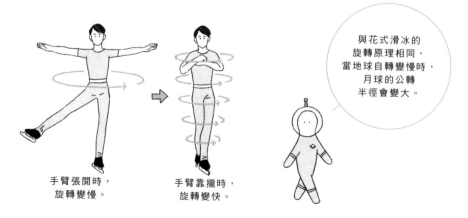

手臂張開時，旋轉變慢。

手臂靠攏時，旋轉變快。

與花式滑冰的旋轉原理相同，當地球自轉變慢時，月球的公轉半徑會變大。

月亮盈虧

Lunar phase

月球本身不會發光，而是反射太陽光來發亮。
因為月球環繞地球做公轉，使得從地球觀測月球時，被太陽照亮的部分發生
變化，形成月亮盈虧（月相）。

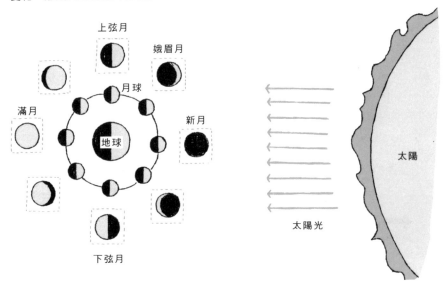

月亮虧缺的部分隱約可見？

月亮虧缺的部分隱隱約約可以看見。這是地球反射太陽光照亮月球的現象，稱為
地球反照。

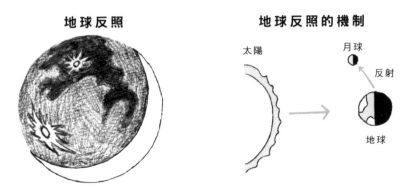

月食
Lunar eclipse

月食（又稱月蝕），是月球被地球的陰影遮住的現象。
分為月球整個進入地球陰影的月全食，與月球一部分欠缺的月偏食。

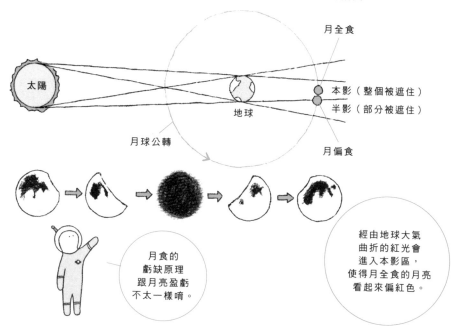

月食的虧缺原理跟月亮盈虧不太一樣唷。

經由地球大氣曲折的紅光會進入本影區，使得月全食的月亮看起來偏紅色。

為什麼不是每次滿月都發生月食？

從地球上觀測，月食發生在「滿月」的位置。然而，月球的公轉軌道與地球的公轉軌道（地球環繞太陽轉動的軌道）交角約5度，以致於滿月的時候，月球大多偏離地球所形成的陰影。僅有剛好進入地球陰影的時候，才會發生月食。

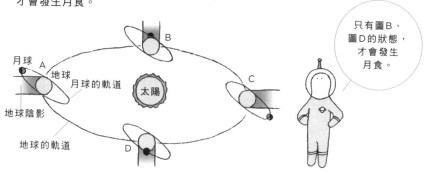

只有圖B、圖D的狀態，才會發生月食。

地球
Earth

我們所居住的地球，處在距離太陽1天文單位（p.72，約1億5000萬公里）的位置，是第三接近太陽的行星（太陽系第三行星）。

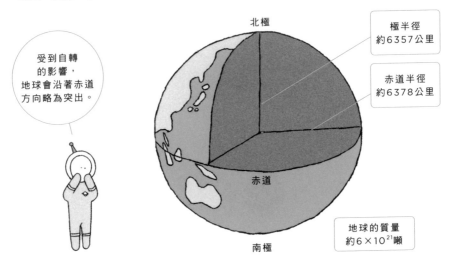

受到自轉的影響，地球會沿著赤道方向略為突出。

北極

極半徑
約6357公里

赤道半徑
約6378公里

赤道

地球的質量
約6×10²¹噸

南極

地球內部長什麼樣子？

地球內部由裡向外明顯形成地核、地函、地殼等三層構造。

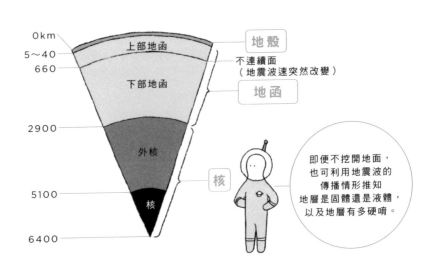

0km
5～40
660
2900
5100
6400

上部地函
下部地函
外核
核

地殼
不連續面
（地震波速突然改變）
地函
核

即便不挖開地面，也可利用地震波的傳播情形推知地層是固體還是液體，以及地層有多硬哨。

自轉
Rotation

地球以地軸為中心向東旋轉的現象，稱為地球的自轉。自轉周期為8萬6,164秒（23小時56分4秒）。

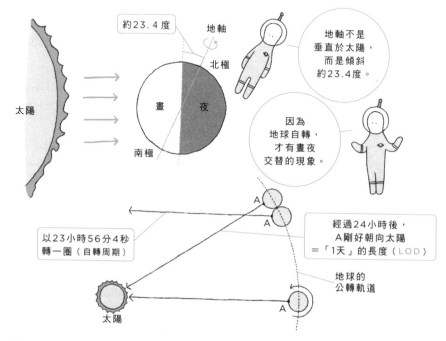

約23.4度

地軸

地球不是垂直於太陽，而是傾斜約23.4度。

太陽

北極

晝　夜

南極

因為地球自轉，才有晝夜交替的現象。

以23小時56分4秒轉一圈（自轉周期）

A

A

經過24小時後，A剛好朝向太陽＝「1天」的長度（LOD）

地球的公轉軌道

太陽

A

為什麼要加入「閏秒」調整？

地球的自轉速率，其實時快時慢並不固定。
因此，當地球自轉的「1天」與原子鐘（非常精準的時鐘）測定的「1天」相差甚遠時，需要加入閏秒進行修正。

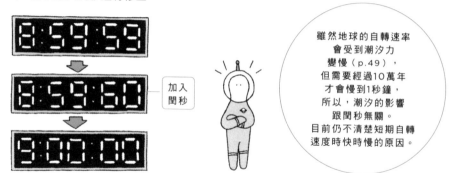

8:59:59

加入閏秒

8:59:60

9:00:00

雖然地球的自轉速率會受到潮汐力變慢（p.49），但需要經過10萬年才會慢到1秒鐘，所以，潮汐的影響跟閏秒無關。目前仍不清楚短期自轉速度時快時慢的原因。

公轉
Revolution

地球以1年的時間環繞太陽，這現象稱為公轉。
地球的公轉速率約為秒速30公里（相當於時速11萬公里）。

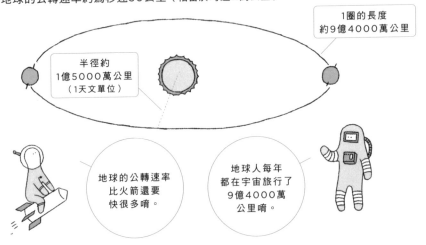

半徑約
1億5000萬公里
（1天文單位）

1圈的長度
約9億4000萬公里

地球的公轉速率
比火箭還要
快很多唷。

地球人每年
都在宇宙旅行了
9億4000萬
公里唷。

為什麼會有四季變化？

地球的地軸傾斜於公轉平面（p.53），使得太陽在不同時期的高度不一，因而產生四季變化。

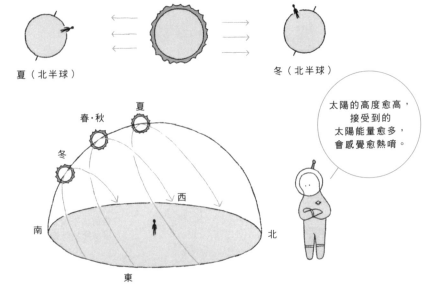

夏（北半球）

冬（北半球）

太陽的高度愈高，
接受到的
太陽能量愈多，
會感覺愈熱唷。

春‧秋
夏
冬

西
南
北
東

近日點
Perihelion

地球的公轉軌道是並非標準的圓形而是橢圓形，與太陽的距離時近時遠。在公轉軌道上，離太陽最近的點稱為近日點；離太陽最遠的點稱為遠日點。

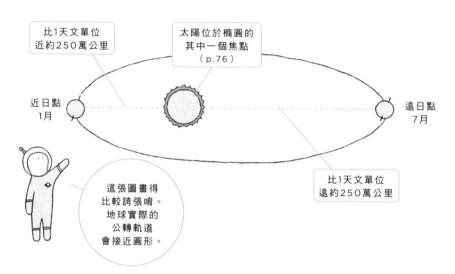

比1天文單位近約250萬公里

太陽位於橢圓的其中一個焦點（p.76）

近日點 1月

遠日點 7月

比1天文單位遠約250萬公里

這張圖畫得比較誇張唷。地球實際的公轉軌道會接近圓形。

為什麼近日點不是夏天？

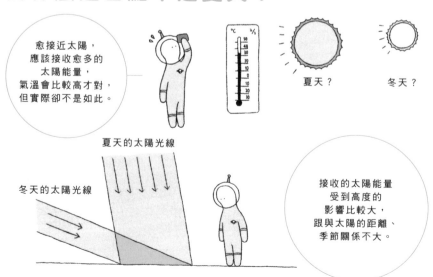

愈接近太陽，應該接收愈多的太陽能量，氣溫會比較高才對，但實際卻不是如此。

夏天？

冬天？

夏天的太陽光線

冬天的太陽光線

接收的太陽能量受到高度的影響比較大，跟與太陽的距離、季節關係不大。

黃道

Ecliptic

黃道是指，太陽在天球上的視運動軌跡。

雖然地球是環繞太陽公轉，但從地球的角度來看，太陽像是以一年的周期在群星之間移動（實際上會因為太陽的光芒，而看不見其他星體）。這條軌道就是黃道。

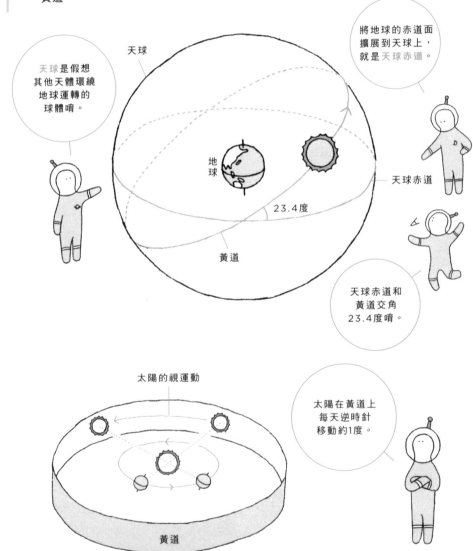

天球是假想其他天體環繞地球運轉的球體唷。

天球

將地球的赤道面擴展到天球上，就是天球赤道。

地球

23.4度

天球赤道

黃道

天球赤道和黃道交角23.4度唷。

太陽的視運動

太陽在黃道上每天逆時針移動約1度。

黃道

春分點
Vernal equinox

黃道與赤道的交點，分別為春分點和秋分點。
太陽通過這兩點時，節氣分別進入春分和秋分。

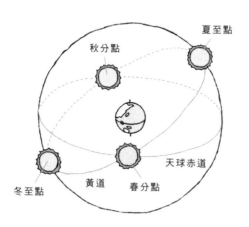

夏至點

秋分點

天球赤道

黃道　　春分點

冬至點

為什麼春分的時候晝夜等長？

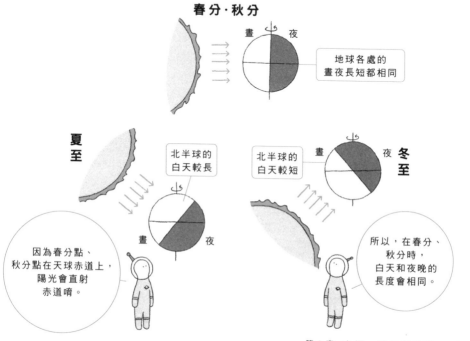

春分・秋分

晝　夜

地球各處的
晝夜長短都相同

夏至

北半球的
白天較長

晝　夜

因為春分點、
秋分點在天球赤道上，
陽光會直射
赤道唷。

北半球的
白天較短

晝　夜　**冬至**

所以，在春分、
秋分時，
白天和夜晚的
長度會相同。

南中
Culmination

南中是中天（culmination）現象中特指太陽、月球等天體剛好通過正南方的情況，為日本特有的說法。而中天在日文的稱呼為正中或通過子午圈。
南中時，天體位置會是一天當中的最高點。

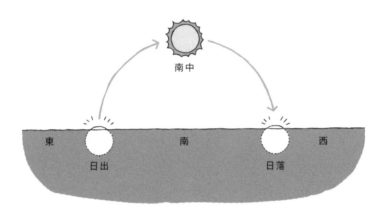

天體在南半球會通過正北方？

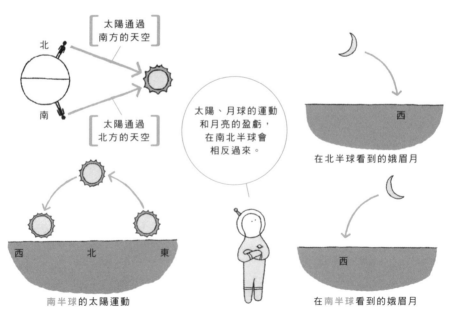

太陽通過
南方的天空

北

太陽通過
北方的天空

南

太陽、月球的運動
和月亮的盈虧，
在南北半球會
相反過來。

在北半球看到的娥眉月

西

南半球的太陽運動

西　　北　　東

在南半球看到的娥眉月

西

夏至

Summer solstice

夏至，是一年中北半球太陽的南中高度最高，白天最長的時節。相反地，冬至是一年中北半球太陽的南中高度最低，白天最短的時節。

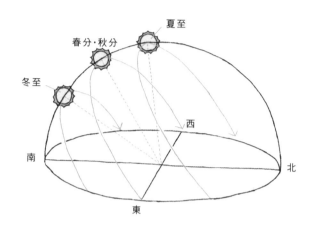

夏至時節的「最早日出時間」？

日出最早約在夏至前一個禮拜；日落最晚約在夏至後一個禮拜。另外，日出最晚約在冬至後半個月；日落最早約在冬至前半個月。

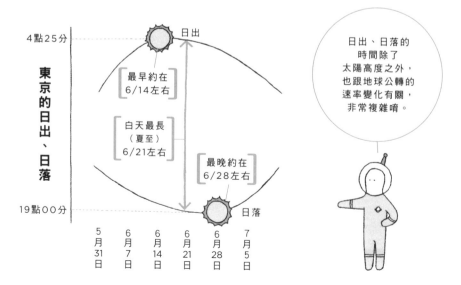

原始太陽

Protosun

原始太陽，是太陽轉為成熟星體之前的「太陽寶寶」。
距今約46億年前，在宇宙氣體、塵埃形成的雲氣（星際雲→p.141）中，比較濃厚的部分相互接近引發超新星爆炸（p.22），星際雲被壓縮後開始收縮，不久形成原始太陽，最終發展成太陽。

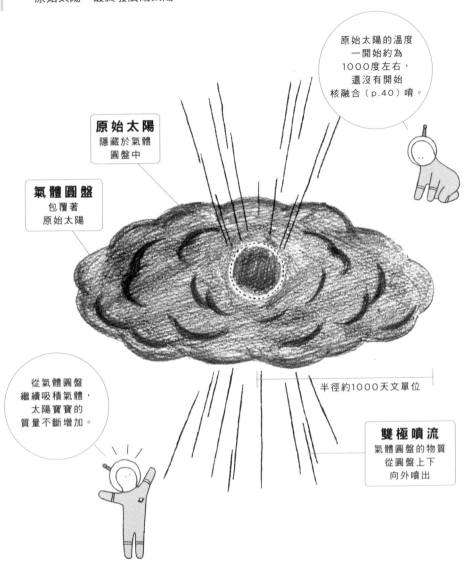

原始太陽的溫度
一開始約為
1000度左右，
還沒有開始
核融合（p.40）唷。

原始太陽
隱藏於氣體
圓盤中

氣體圓盤
包覆著
原始太陽

從氣體圓盤
繼續吸積氣體，
太陽寶寶的
質量不斷增加。

半徑約1000天文單位

雙極噴流
氣體圓盤的物質
從圓盤上下
向外噴出

直到太陽轉為「成熟星體」

科學家認為，由氣體、塵埃組成的雲氣開始收縮，中間形成太陽寶寶（原始太陽），最後成長到進行核融合的成熟星體（主序星→p.150），整個過程約需要1億年的時間。

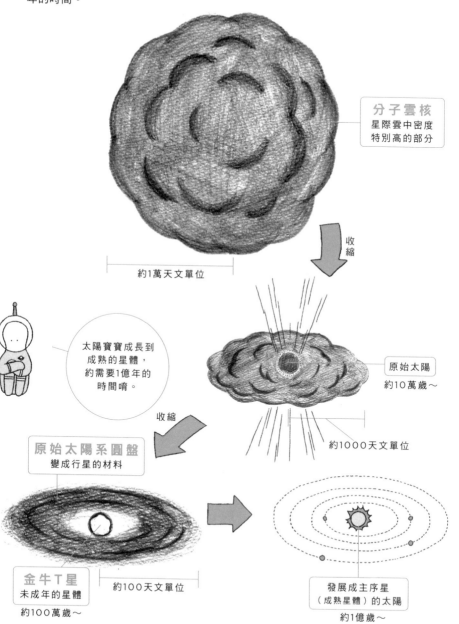

分子雲核
星際雲中密度特別高的部分

約1萬天文單位

收縮

太陽寶寶成長到成熟的星體，約需要1億年的時間唷。

收縮

原始太陽
約10萬歲～

約1000天文單位

原始太陽系圓盤
變成行星的材料

金牛T星
未成年的星體
約100萬歲～

約100天文單位

發展成主序星（成熟星體）的太陽
約1億歲～

大碰撞
Giant impact

月球是怎麼形成的？目前尚未完全解明。
最有力的說法是大碰撞（Giant Impact）假說，認為地球在形成初期與火星大小
的原行星（p.112）發生碰撞，飄散於宇宙中的碎片集結形成月球。

關於月球起源的各種假說

同源說

月球與地球是
吸積太陽系中的塵埃
同時形成的。

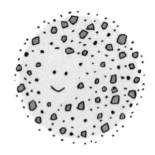

分裂說

地球曾因為
自轉太快，
拋出的物質
就形成月球。

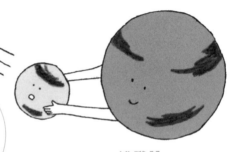

捕獲說

在其他地方形成的月球，
被地球重力吸引過來。

三個假說
各有優缺點，
但都欠缺
決定性的證據。

月球僅需「一個月」的時間形成？

根據電腦模擬，大碰撞後飄散的岩石，僅需要一個月至一年的短時間就能夠形成月球。

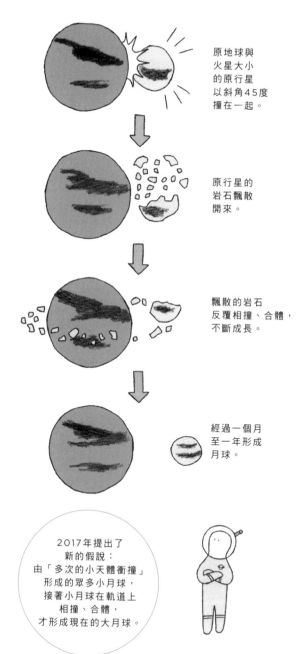

原地球與火星大小的原行星以斜角45度撞在一起。

原行星的岩石飄散開來。

飄散的岩石反覆相撞、合體，不斷成長。

經過一個月至一年形成月球。

2017年提出了新的假說：由「多次的小天體衝撞」形成的眾多小月球，接著小月球在軌道上相撞、合體，才形成現在的大月球。

輝夜姬

Kaguya

「輝夜姬」是用來暱稱JAXA（p.292）於2007年發射的繞月衛星，其正式名稱為「SELENE」。輝夜姬花費約一年半環繞月球6500圈，使用14種裝置進行繼美國阿波羅計畫之後最大規模的月球探測。

輝夜姬的探測發現了什麼？

輝夜姬利用雷射高度儀，精確作出月球的完整地形圖。這在決定今後月球探測器的著陸點、月表基地的候選地等方面，發揮了重要的功能。此外，由取得的資料也發現，月球表面與背面的重力強度不同、月球背面的一部分直到最近仍有岩漿活動等等，這些都為月球的誕生與進化歷史帶來了新的觀點。月球豎坑（p.47）的發現，也是輝夜姬探測的重要成果。

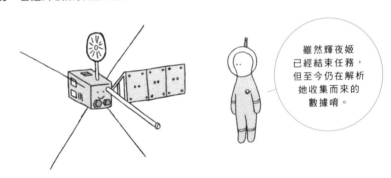

雖然輝夜姬已經結束任務，但至今仍在解析她收集而來的數據唷。

SLIM

SLIM是JAXA打造的小型登月探測器。JAXA傾力開發「精準著陸」技術,讓往後的月球、行星探測器能夠零誤差地登陸目標地點。SLIM預計於2020年發射升空。

未來的月球探測、開發會如何?

現在,世界各國爭相展開月球探測,比如中國於2013年成功讓世界第三台(繼美國、舊蘇聯)無人探測器登陸月球等,紛紛積極投入月球的探測。美國也預計於月球周圍建置「深空門戶(Deep Space Gateway)」太空站,作為未來有人火星探測的中繼站。日本也參與了這項計畫,JAXA表明將致力於日本太空人的月表登陸。現在也有民間團體的月表火箭探測競賽——「Google月球X大獎」。「月球上有許多人居住的時代」會意外提早到來也說不定。

03

托勒密

83 - 168左右

在古羅馬時代活躍於埃及亞歷斯山大港的
托勒密（Ptolemy），進行精密的天體測量，
以地球為中心推算太陽、月球、行星的運行，
發展以地心說為基礎的天文學體系。
托勒密將這些內容統整成書，
以「偉大之書」的意涵取名為《天文學大成》。
托勒密建立的宇宙觀在西方延續了1400年。

04

哥白尼

1473 - 1543

波蘭聖職者兼醫生的
哥白尼（Copernicus），
對天文學也抱有興趣。
為了解釋行星的逆行（p.75），
他質疑天球進行複雜運動的地心說觀點，
並翻閱古代文獻「重新發現」阿里斯塔克斯的日心說。
由於能夠簡單解釋行星的逆行，
哥白尼也因此提倡日心說。

第 3 章

太陽系的成員

太陽系

Solar system

太陽系是指作為中心恆星的太陽，加上旁邊利用太陽重力公轉的行星等天體聚集形成的集團，也就是「太陽一家」。

由一個恆星（太陽）、八顆行星、數顆矮行星（p.107）、多數衛星、小行星（p.100）、彗星等，組成太陽系這個家族。

太陽系行星的公轉軌道（從水星到火星）

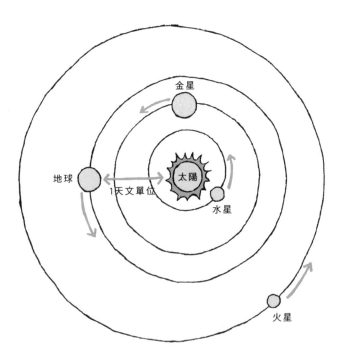

金星

地球

太陽

1天文單位

水星

火星

地球和火星的
軌道距離不一，
是因為火星的
軌道為細長的
橢圓形唷。

太陽系行星等的公轉軌道（火星以後）

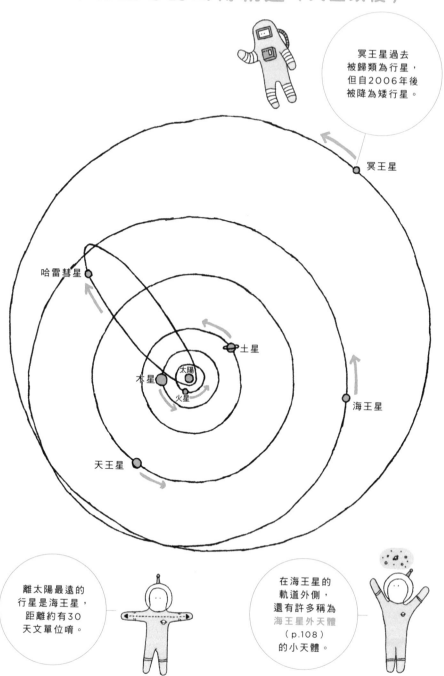

冥王星過去
被歸類為行星，
但自2006年後
被降為矮行星。

冥王星

哈雷彗星

土星

木星

太陽

火星

海王星

天王星

離太陽最遠的
行星是海王星，
距離約有30
天文單位唷。

在海王星的
軌道外側，
還有許多稱為
海王星外天體
（p.108）
的小天體。

內側行星

inferior planet

以地球為基準，運行軌道比地球更內側的水星和金星，稱為內側行星；運行軌道比地球更外側的火星、木星、土星、天王星、海王星，稱為外側行星。

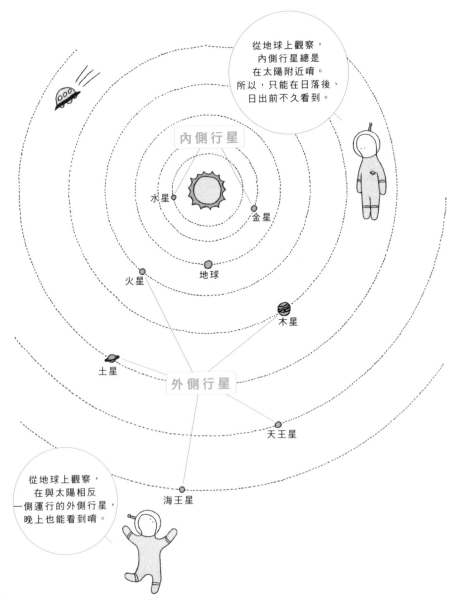

從地球上觀察，內側行星總是在太陽附近唷。所以，只能在日落後、日出前不久看到。

內側行星

水星　金星　地球　火星　木星　土星

外側行星

天王星　海王星

從地球上觀察，在與太陽相反一側運行的外側行星，晚上也能看到唷。

氣態巨行星

Gas giant

行星可依大小與構成分類：水星、金星、地球、火星為岩質行星（又稱類地行星）；木星、土星為氣態巨行星（又稱類木行星）；天王星、海王星為冰質巨行星（又稱天王星型行星）。

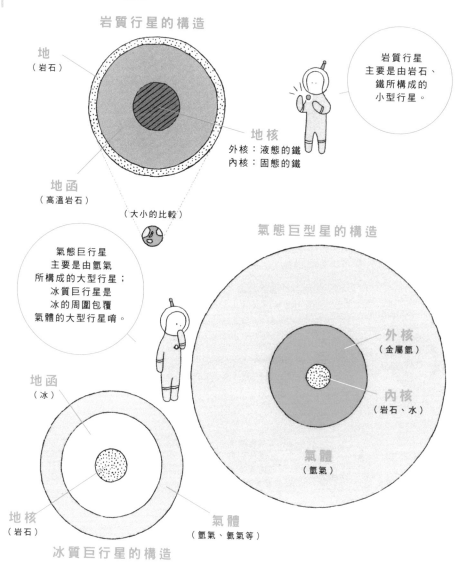

岩質行星的構造

地
（岩石）

地核
外核：液態的鐵
內核：固態的鐵

地函
（高溫岩石）

（大小的比較）

岩質行星
主要是由岩石、
鐵所構成的
小型行星。

氣態巨行星
主要是由氫氣
所構成的大型行星；
冰質巨行星是
冰的周圍包覆
氣體的大型行星唷。

氣態巨型星的構造

外核
（金屬氫）

內核
（岩石、水）

氣體
（氫氣）

地函
（冰）

地核
（岩石）

氣體
（氫氣、氦氣等）

冰質巨行星的構造

天文單位
Astronomical unit

天文單位（又稱AU）是天文學上的距離單位，約1億5000萬公里（正確來說是1億4959萬7870.7公里）。此長度是太陽與地球的平均距離，常作為太陽系內的距離單位。

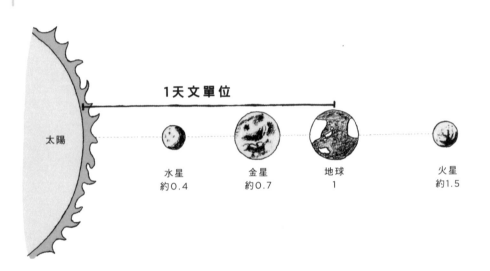

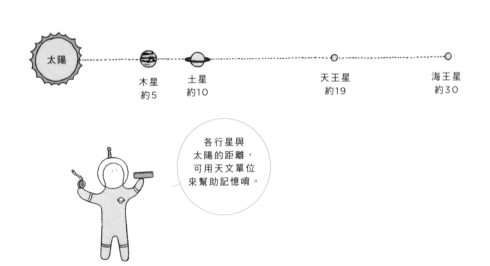

合

Conjunction

從地球上觀察，內側行星與太陽位於相同方向，這樣的位置關係稱為合。
內側行星在太陽前面時，稱為下合；內側行星的在太陽後面時，稱為上合。

最大距角

Greatest elongation

從地球上觀測，內側行星看起來距離太陽最遠時的角度，稱為最大距角。
內側行星位於太陽東側時，稱為東大距；位於太陽西側時，稱為西大距。

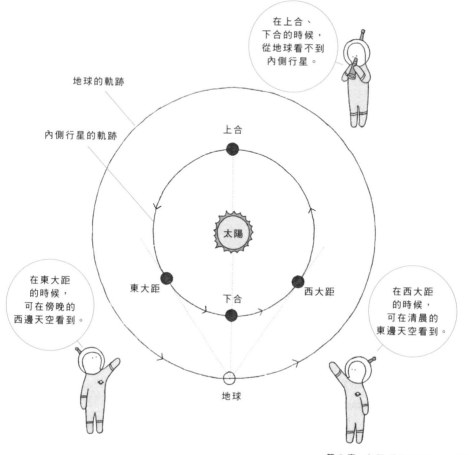

在上合、
下合的時候，
從地球看不到
內側行星。

地球的軌跡

內側行星的軌跡

上合

太陽

東大距

下合

西大距

在東大距
的時候，
可在傍晚的
西邊天空看到。

在西大距
的時候，
可在清晨的
東邊天空看到。

地球

衝

Opposition

從地球上觀測，外側行星與太陽位於相反方向，這樣的位置關係稱為衝。

方照

Quadrature

從地球上觀測，外側行星與太陽的角度（距角）為90度，這樣的位置關係稱為方照。外側行星在東邊90度的位置，稱為東方照；在西邊90度的位置，稱為西方照。

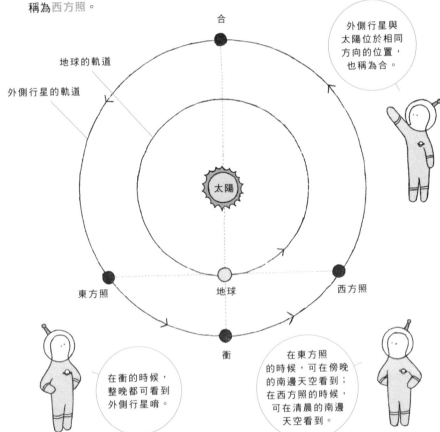

合

地球的軌道

外側行星的軌道

太陽

外側行星與太陽位於相同方向的位置，也稱為合。

東方照　　　地球　　　西方照

衝

在衝的時候，整晚都可看到外側行星唷。

在東方照的時候，可在傍晚的南邊天空看到；在西方照的時候，可在清晨的南邊天空看到。

逆行

Retrograde motion

一般來說，行星每晚會在背景星星（恆星）之間稍微向東移動，這樣的運行
稱為順行。不過，行星有時會向西移動，出現逆行的現象。

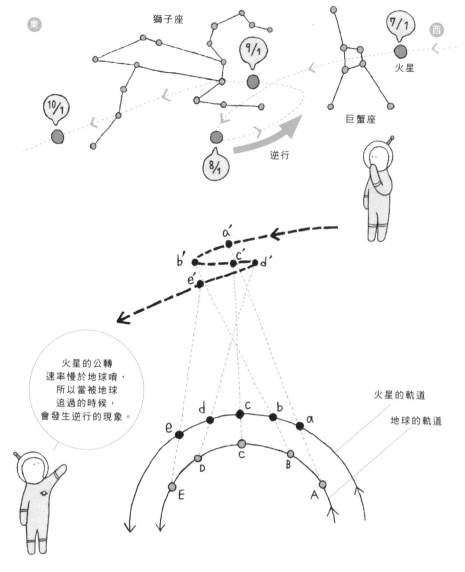

火星的公轉
速率慢於地球唷，
所以當被地球
追過的時候，
會發生逆行的現象。

克卜勒定律

Kepler's laws of planetary motion

太陽系行星的公轉運動有三條定律，稱為克卜勒定律。
由德國天文學家克卜勒（p.116）於17世紀初發現。

第一定律

行星以太陽為其中一個焦點描繪橢圓軌道。

（橢圓＝到兩焦點的距離和固定的點集合）

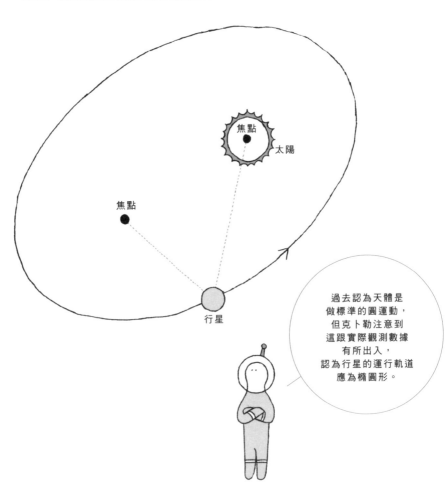

焦點

太陽

焦點

行星

過去認為天體是
做標準的圓運動，
但克卜勒注意到
這跟實際觀測數據
有所出入，
認為行星的運行軌道
應為橢圓形。

第二定律

太陽與行星的連線，在單位時間內掃過的扇形面積相同。

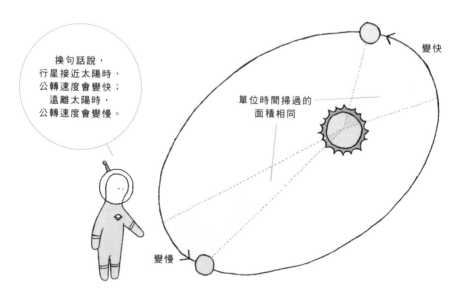

換句話說，
行星接近太陽時，
公轉速度會變快；
遠離太陽時，
公轉速度會變慢。

單位時間掃過的
面積相同

變快

變慢

第三定律

各行星公轉周期的平方，跟與太陽平均距離的立方成正比。

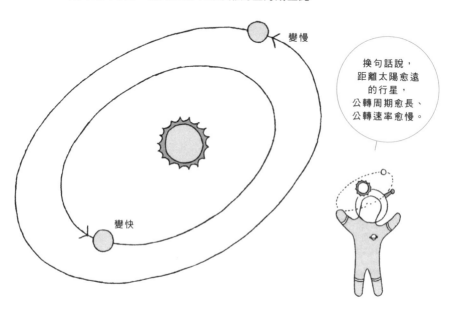

變慢

變快

換句話說，
距離太陽愈遠
的行星，
公轉周期愈長、
公轉速率愈慢。

水星
Mercury

水星是運行軌道離太陽最近的行星。它是太陽系中體積最小，有一半是以鐵構成、密度最高的行星。

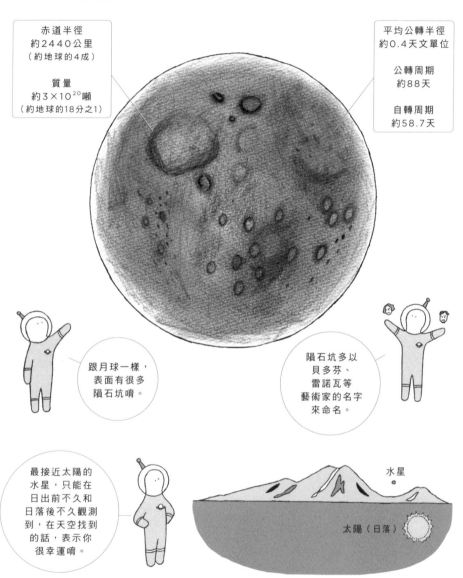

赤道半徑
約2440公里
（約地球的4成）

質量
約3×10²⁰噸
（約地球的18分之1）

平均公轉半徑
約0.4天文單位

公轉周期
約88天

自轉周期
約58.7天

跟月球一樣，表面有很多隕石坑唷。

隕石坑多以貝多芬、雷諾瓦等藝術家的名字來命名。

最接近太陽的水星，只能在日出前不久和日落後不久觀測到，在天空找到的話，表示你很幸運唷。

水星

太陽（日落）

水星的「1天」相當於地球的176天？

水星的公轉周期約為88天、自轉周期約為58.7天，公轉一圈的同時自轉了1.5圈，所以水星的「1天」大約相當於地球的176天，連續88天「白天」後，接著連續88天「夜晚」。

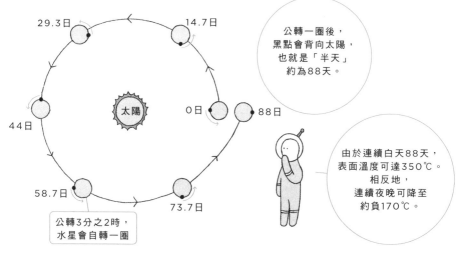

公轉一圈後，黑點會背向太陽，也就是「半天」約為88天。

由於連續白天88天，表面溫度可達350℃。相反地，連續夜晚可降至約負170℃。

公轉3分之2時，水星會自轉一圈

貝皮可倫坡號

BepiColombo

貝皮可倫坡號，是日本（JAXA→p.292）與歐洲（ESA→p.292）合作的水星探測計畫。探測器預計於2018年10月發射，在2024年抵達水星。

讓MMO和MPO兩台探測器合體，發射到水星。

金星

Venus

金星是運行軌道離太陽第二近的行星。雖然大小與質量與地球相似，宛如「雙胞胎」一樣，但實際上是主要成分為二氧化碳，外圍包覆著濃厚大氣，表面溫度超過450℃的灼熱行星。

赤道半徑
約6100公里
（約地球的0.95倍）

質量
約5×10^{21}噸
（約地球的0.8倍）

平均公轉半徑
約0.7天文單位

公轉周期
約225天

自轉周期
約243天

大氣主要成分為
二氧化碳，
氣壓可高達
90巴（地球的
90倍）！

濃厚大氣帶來
溫室效應，
使得金星形成
一顆灼熱的
星球。

金星看起來
明亮耀眼，
是因濃厚的大氣
反射大部分的
太陽光唷。

金星也會有盈虧嗎？

金星跟月球一樣都是反射太陽光來發亮，所以與地球的相對位置改變時，觀測到的太陽光反射會不同，形成金星盈虧。另外，金星與地球間的距離變化很大，除了盈虧之外，外觀大小也會有所變化。

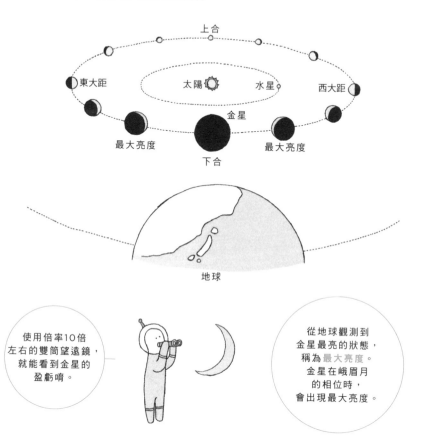

使用倍率10倍左右的雙筒望遠鏡，就能看到金星的盈虧唷。

從地球觀測到金星最亮的狀態，稱為最大亮度。金星在峨眉月的相位時，會出現最大亮度。

昏星／晨星

在黃昏西邊天空觀測到的金星，稱為昏星；在清晨東邊天空觀測到的金星，稱為晨星。過去曾經認為兩顆是不同的星體。

超級氣旋

Super-rotation

金星上颳著遠超過自轉速率的暴風，整顆行星狂風呼嘯。這股不明暴風稱為 超級氣旋。

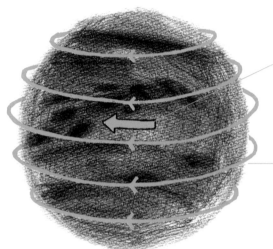

金星以243天
自轉一圈
（非常緩慢）

金星赤道附近的
自轉速率
約秒速1.6公尺

整顆金星上
吹嘯著最大秒速
100公尺的暴風
（約自轉速率的60倍）

地球赤道附近的
自轉速率
約秒速460公尺

地球的西風帶
可達秒速100公尺，
但比自轉速率慢很多。

「不會形成比自轉
速率還要快的風」
是氣象學上的常識，
金星暴風的形成原理
仍舊是個謎。

破曉號

金星探測器「破曉號」由JAXA於2010年5月發射，在2015年12月成功投入金星的軌道運行。其任務是解開超級氣旋等金星的大氣之謎。

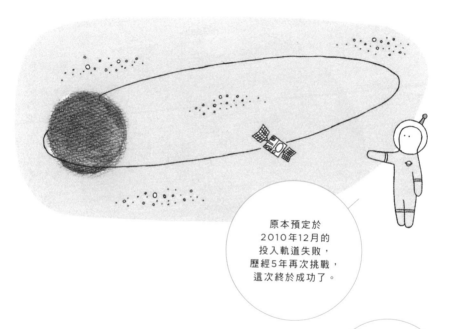

原本預定於2010年12月的投入軌道失敗，歷經5年再次挑戰，這次終於成功了。

金星上會下硫酸雨？

硫酸雲

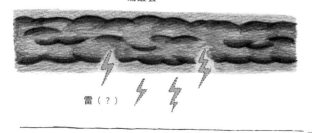

雷（？）

「破曉號」的任務，是調查形成硫酸雨露的金星雲樣貌、會不會打雷等金星的大氣、氣象唷。

火星

Mars

火星，是運行軌道離地球外側最近的太陽系第四行星。
雖然火星現在寒冷乾燥，但科學家推測上頭曾經有過海洋，認為火星過去可
能有生命誕生。

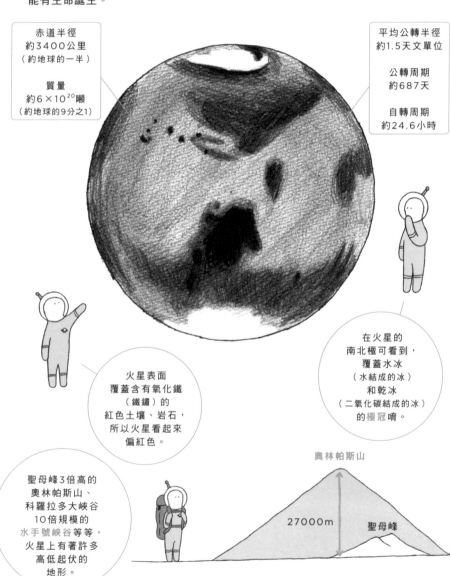

赤道半徑
約3400公里
（約地球的一半）

質量
約6×10^{20}噸
（約地球的9分之1）

平均公轉半徑
約1.5天文單位

公轉周期
約687天

自轉周期
約24.6小時

火星表面
覆蓋含有氧化鐵
（鐵鏽）的
紅色土壤、岩石，
所以火星看起來
偏紅色。

在火星的
南北極可看到，
覆蓋水冰
（水結成的冰）
和乾冰
（二氧化碳結成的冰）
的極冠唷。

聖母峰3倍高的
奧林帕斯山、
科羅拉多大峽谷
10倍規模的
水手號峽谷等等，
火星上有著許多
高低起伏的
地形。

奧林帕斯山

27000m

聖母峰

火星大衝
Mars' Closest approach

地球與火星每隔約2年2個月，會在各自的公轉軌道上相互接近。然而，火星的軌道比地球的軌道更為橢圓，接近距離會出現較遠的情況（小衝）和較近的情況（大衝），兩者間隔約15～17年。

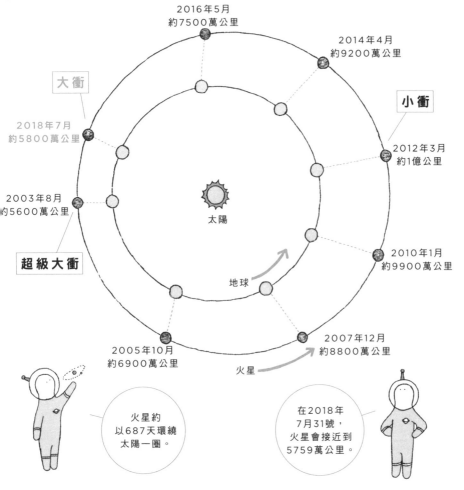

2016年5月
約7500萬公里

2014年4月
約9200萬公里

小衝

大衝

2018年7月
約5800萬公里

2012年3月
約1億公里

2003年8月
約5600萬公里

太陽

2010年1月
約9900萬公里

超級大衝

地球

2005年10月
約6900萬公里

2007年12月
約8800萬公里

火星

火星約
以687天環繞
太陽一圈。

在2018年
7月31號，
火星會接近到
5759萬公里。

火星衝日是發射探測器的時機？

地球與火星接近的時候，能以最短的距離將探測器送至火星。因此，火星探測器約以2年2個月的間隔發射升空。

維京號

Viking

維京號，是NASA過去發射的兩架火星無人探測器。1976年，維京1號和2號相繼登陸火星，採取火星表面的土壤，調查有無微生物生存，但都沒有發現生命跡象。

好奇號

Curiosity

好奇號，是在2012年降落火星的NASA最先進火星探測車。它找到了證據，證明火星表面現在仍有液態水（鹽水）流動，以及過去火星曾為可孕育生命的環境。

維京號

現在仍有研究者認為，火星地底下可能有微生物生存著。今後世界各國也預定發射探測器，繼續探索有無火星生命存在。

好奇號

福波斯／得摩斯

Phobos／Deimos

火星有兩個衛星，第一衛星 福波斯 和第二衛星 得摩斯。作為地球衛星的月球，呈現圓球狀且體積很大，但火星的兩個衛星，體積很小且形狀如馬鈴薯般歪曲。

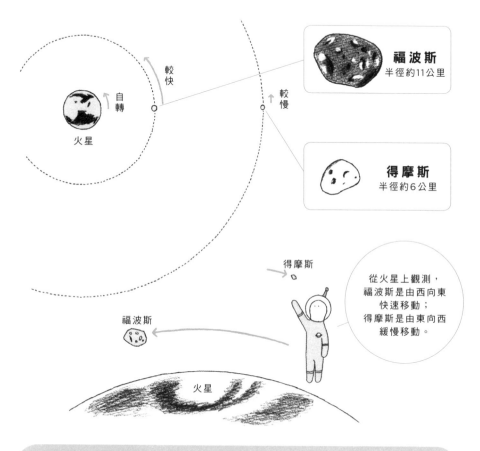

福波斯
半徑約11公里

得摩斯
半徑約6公里

較快

自轉

火星

較慢

得摩斯

福波斯

火星

從火星上觀測，
福波斯是由西向東
快速移動；
得摩斯是由東向西
緩慢移動。

MMX

Martian Moons eXploration

MMX，是日本（JAXA）與NASA等合作的火星衛星探測計畫。任務為觀測福波斯和得摩斯，並登陸福波斯採取砂石數次後返回地球。探測器預計於2024年發射升空，並於2029年回到地球。

木星
Jupiter

木星是太陽系第五行星，也是體積最大的行星。
木星幾乎由氣體構成，比起地球更近似太陽。科學家認為，如果木星再重80倍，就會像太陽一樣進行核融合，並發展成恆星。

赤道半徑
約7萬1000公里
（約地球的11倍）

質量
約2×10^{24}噸
（約地球的320倍）

平均公轉半徑
約5天文單位

公轉周期
約12年

自轉周期
約10小時

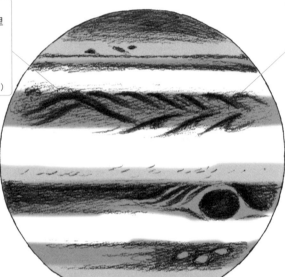

木星的條紋帶是
由氨冰構成的雲層。
依冰粒大小、
雲層厚度，
呈現出不同的顏色。

木星體積巨大，
但質量的90%是
由氫氣構成，
所以密度僅約
地球的4分之1。

因為木星的
自轉速率很快，
形成沿著
赤道方向
壓扁的橢圓體唷！

極半徑
約6萬7000公里

赤道半徑
約7萬1000公里

木星也有圓環嗎？

大家都知道土星有著漂亮的圓環（Ring），但其實木星、天王星、海王星外圍也有圓環，只是不像土星的那麼巨大，得使用大型望遠鏡才能從地球上觀測到。

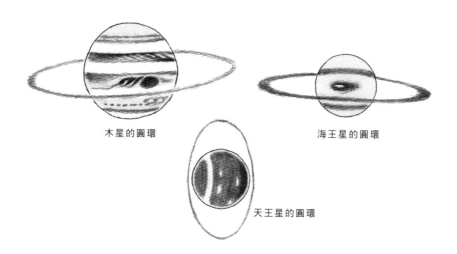

木星的圓環

海王星的圓環

天王星的圓環

大紅斑

Great red spot

木星南半球上顯眼的紅色漩渦模樣，稱為大紅斑。大小有2～3顆地球大，科學家認為那是類似巨大颱風的氣旋（不過，地球的颱風是低氣壓氣旋，木星的大紅斑是高氣壓氣旋）。

地球

大紅斑
持續存在
300年以上
也沒有消失。

伽利略衛星

Galilean moons

科學家在木星周圍已經（至2017年10月）發現69顆衛星。
其中，伽利略（p.116）發現的四個大型衛星，合稱伽利略衛星。

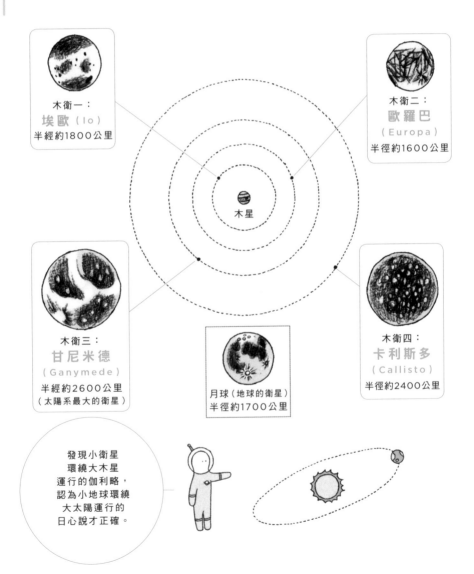

木衛一：
埃歐（Io）
半徑約1800公里

木衛二：
歐羅巴
（Europa）
半徑約1600公里

木星

木衛三：
甘尼米德
（Ganymede）
半徑約2600公里
（太陽系最大的衛星）

月球（地球的衛星）
半徑約1700公里

木衛四：
卡利斯多
（Callisto）
半徑約2400公里

發現小衛星
環繞大木星
運行的伽利略，
認為小地球環繞
大太陽運行的
日心說才正確。

伽利略衛星上存在著海洋？

歐羅巴是表面覆蓋厚冰的冰質衛星。不過，科學家猜想冰層底下應該存在液體的海洋（稱為地下海、內部海），受到巨大木星的強大潮汐力（p.49）影響，歐羅巴產生劇烈搖晃，晃動的熱能融化冰層而形成海洋。

歐羅巴的地下海示意圖

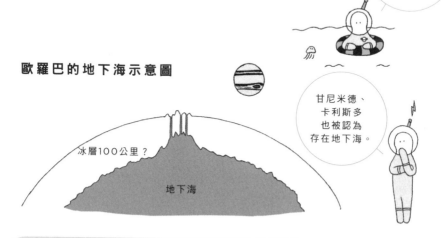

如果海洋存在，就有可能孕育生命……

甘尼米德、卡利斯多也被認為存在地下海。

冰層100公里？

地下海

歐羅巴快艇

Europa Clipper

歐羅巴快艇，是NASA擬定於2020年發射的歐羅巴探測器，預計以飛越（接近探測）的方式高解析度拍攝冰層的表面，調查歐羅巴的內部構造等等。

歐洲也擬定了「JUICE」計畫，準備發射探測器至木星的冰質衛星！

土星

Saturn

擁有美麗圓環的土星，是太陽系中繼木星之後第二大的行星。土星跟木星相同，幾乎由氣體構成，但表面條紋比木星淡薄，不怎麼顯眼。

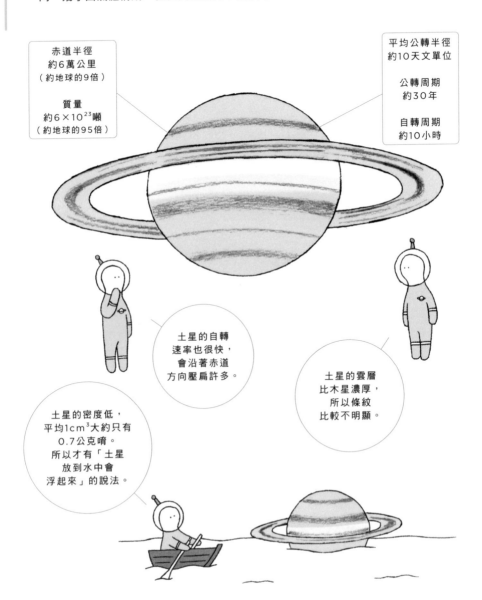

赤道半徑
約6萬公里
（約地球的9倍）

質量
約 6×10^{23} 噸
（約地球的95倍）

平均公轉半徑
約10天文單位

公轉周期
約30年

自轉周期
約10小時

土星的自轉速率也很快，會沿著赤道方向壓扁許多。

土星的雲層比木星濃厚，所以條紋比較不明顯。

土星的密度低，平均1cm³大約只有0.7公克唷。所以才有「土星放到水中會浮起來」的說法。

圓環

Ring

土星圓環的半徑約為14萬公里，但厚度僅有數百公尺而已。圓環不是一片平板，而是由大大小小的冰屑（混雜一些岩石）集結而成。

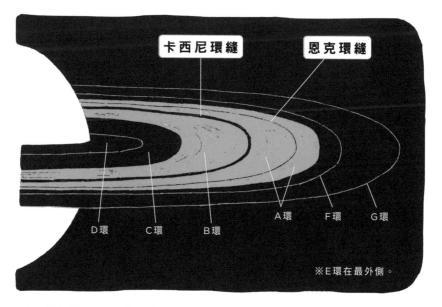

卡西尼環縫　　恩克環縫

D環　　C環　　B環　　A環　F環　G環

※E環在最外側。

土星圓環會消失？

土星圓環的厚度僅有數百公尺，所以從水平方向幾乎看不到圓環。從地球觀測到的土星斜率，跟土星的公轉周期相同，約以30年的周期做變化。在這段期間會出現兩次，也就是約每隔15年發生圓環「消失」的現象。

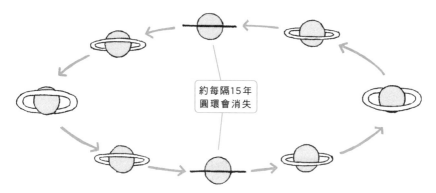

約每隔15年圓環會消失

恩塞拉多斯

Enceladus

恩塞拉多斯（又稱土衛二）是土星的第二顆衛星。雖然是半徑約250公里的小型冰質衛星，但冰凍表面底下擁有廣大的海洋，已經確認存在有機物，作為可能孕育生命的星球，備受關注。

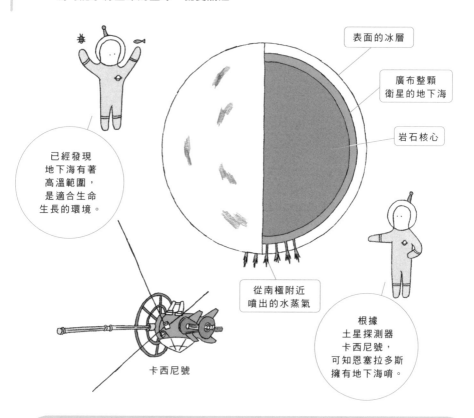

表面的冰層

廣布整顆衛星的地下海

岩石核心

已經發現地下海有著高溫範圍，是適合生命生長的環境。

從南極附近噴出的水蒸氣

卡西尼號

根據土星探測器卡西尼號，可知恩塞拉多斯擁有地下海唷。

卡西尼號

Cassini-Huygens

卡西尼號是NASA與ESA合作開發，在1997年發射升空的土星探測器。在2004年進入土星軌道，探查土星、恩塞拉多斯等等。並在土星的衛星泰坦上投下小型登陸器惠更斯號（Huygens），調查地表的樣貌等等。在2017年9月衝入土星的大氣層中，結束了它的任務。

泰坦
Titan

土星擁有60顆以上的衛星，第六衛星泰坦是其中最大的衛星。泰坦擁有主要成分為氮氣、甲烷的濃密大氣，會降下液態甲烷的雨水，在地表形成液態甲烷的河川、湖泊。

泰坦
半徑約2600公里，
是太陽系中
第二大的衛星。

泰坦的
表面溫度
可低至
-180℃。

在地球上，
甲烷只有氣態，
但在極寒的泰坦上，
甲烷會轉為液態。

液態甲烷的雨水

液態甲烷的湖泊

泰坦上存在異質生命體？

一般認為，生命不可缺少液態的水。雖然泰坦上的水結凍，但有些研究者認為，如果液態甲烷能夠代替水的話，或許可能演化出以液態甲烷為主要成分的未知異質生命體。

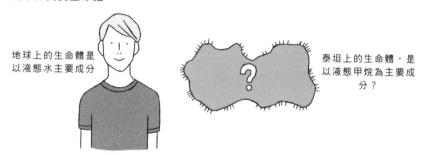

地球上的生命體是
以液態水主要成分

泰坦上的生命體，是
以液態甲烷為主要成
分？

天王星

Uranus

從水星到土星的行星，過去已用肉眼確認其存在，而在土星外側運行的天王星，則是經由望遠鏡發現的行星。
天王星、海汪星會看起來偏藍色，是因為在氫氣、氦氣構成的大氣中，含有少量的甲烷的緣故。

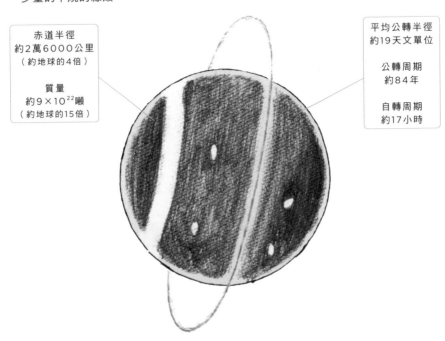

赤道半徑
約2萬6000公里
（約地球的4倍）

質量
約9×10^{22}噸
（約地球的15倍）

平均公轉半徑
約19天文單位

公轉周期
約84年

自轉周期
約17小時

天文星是躺著自轉？

天王星的自轉軸與公轉平面幾乎垂直，看起來像是躺著自轉。科學家推測，這是天王星誕生的時候，與其他天體相撞所造成的。

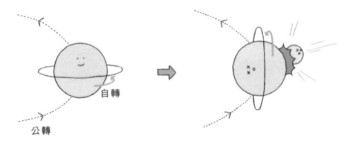

自轉

公轉

海王星
Neptune

在天王星外側運行的海王星，是人類計算後發現的行星。從天王星的運行跟計算有所出入，科學家推測存在著一個未知的行星對天王星產生引力，結果在推測的位置發現新行星——海王星。

天王星和海王星的大小、組成非常相似，宛如雙胞胎一樣。

赤道半徑
約2萬5000公里
（約地球的4倍）

質量
約1×10²³噸
（約地球的17倍）

平均公轉半徑
約30天文單位

公轉周期
約165年

自轉周期
約16小時

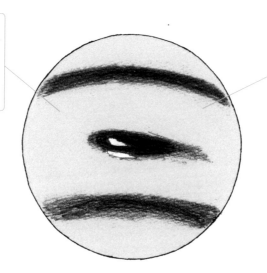

海王星的衛星崔頓故意作對？

海王星的最大衛星崔頓（Triton），是太陽系大型衛星中，唯一公轉方向與行星自轉方向相反的逆行衛星。

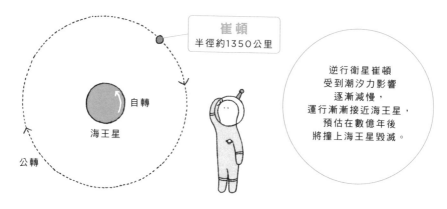

崔頓
半徑約1350公里

自轉

海王星

公轉

逆行衛星崔頓
受到潮汐力影響
逐漸減慢，
運行漸漸接近海王星，
預估在數億年後
將撞上海王星毀滅。

哈雷彗星

Halley's comet

哈雷彗星，是每隔約76年才接近（回歸）太陽、地球的彗星（p.28），每次回歸都會拖出長長的尾巴。上次是在1986年接近地球，下一次回歸推測在2061年。

代表性彗星的軌道

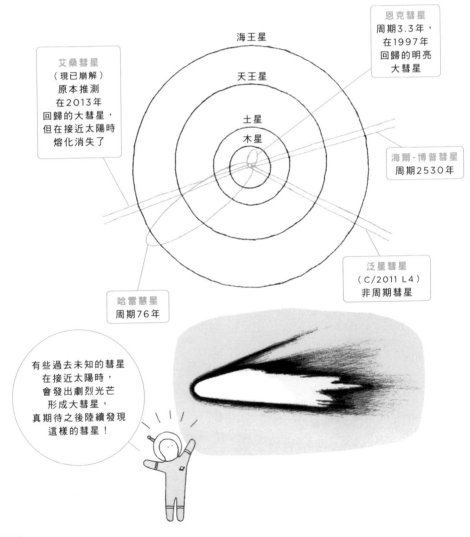

恩克彗星
周期3.3年，
在1997年
回歸的明亮
大彗星

艾桑彗星
（現已崩解）
原本推測
在2013年
回歸的大彗星，
但在接近太陽時
熔化消失了

海王星

天王星

土星

木星

海爾-博普彗星
周期2530年

泛星彗星
（C/2011 L4）
非周期彗星

哈雷彗星
周期76年

有些過去未知的彗星
在接近太陽時，
會發出劇烈光芒
形成大彗星，
真期待之後陸續發現
這樣的彗星！

也有不會再回歸的彗星嗎？

彗星分為周期性接近太陽的 周期彗星，與僅接近太陽一次就不再回歸的 非周期彗星。周期彗星可再細分為周期小於200年的 短周期彗星，與大於200年的 長周期彗星（長周期彗星有時也涵蓋了非周期彗星）。

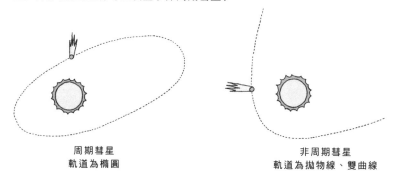

周期彗星
軌道為橢圓

非周期彗星
軌道為拋物線、雙曲線

流星雨

Meteor shower

當地球運行至彗星軌道與公轉軌道的交會處，彗星撒出的大量塵埃會衝進地球的大氣層，燃燒形成 流星雨（p.29）。地球經過彗星軌道的日子大致固定，每年特定的時期都會出現特定的流星雨。

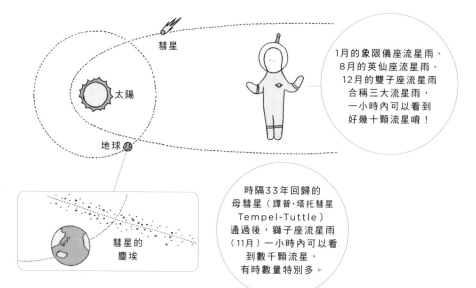

彗星

太陽

地球

彗星的
塵埃

1月的象限儀座流星雨、
8月的英仙座流星雨、
12月的雙子座流星雨
合稱三大流星雨，
一小時內可以看到
好幾十顆流星唷！

時隔33年回歸的
母彗星（譚普·塔托彗星
Tempel-Tuttle）
通過後，獅子座流星雨
（11月）一小時內可以看
到數千顆流星，
有時數量特別多。

小行星
Asteroid

小行星是指，太陽系中彗星以外的小天體。彗星有著彗髮（淡薄的大氣→p.28）和彗尾，但小行星沒有這些特徵。小行星大多是直徑（或者長軸）不滿10公里的小型天體。

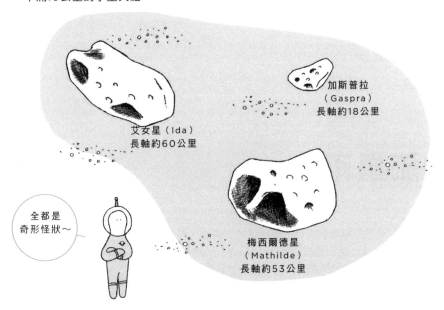

加斯普拉
（Gaspra）
長軸約18公里

艾女星（Ida）
長軸約60公里

梅西爾德星
（Mathilde）
長軸約53公里

全都是
奇形怪狀～

小行星是怎麼形成的？

太陽系行星在誕生之初，會先形成眾多的小型微行星，再由微行星相撞、合體，形成大型的行星。其中，有些微行星因衝撞速率過快而來不及合體，這些合體失敗的就是小行星。

關於太陽系的
行星誕生，
請參見p.112。

小行星帶
Asteroid belt

介於火星軌道與木星軌道，距離太陽2～3.5天文單位之間，存在超過數百萬顆的小行星，這個區域稱為 小行星帶。除此之外，還有幾乎與木星在同一軌道運行的特洛伊小行星（Trojan Asteroids）等等。

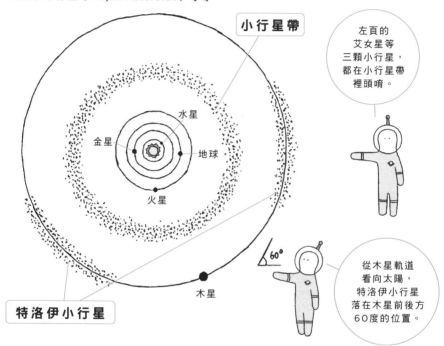

小行星帶

左頁的
艾女星等
三顆小行星，
都在小行星帶
裡頭唷。

水星

金星

地球

火星

60°

木星

特洛伊小行星

從木星軌道
看向太陽，
特洛伊小行星
落在木星前後方
60度的位置。

為什麼小行星是「太陽系的化石」？

太陽系的行星、月球會因形成時的衝撞等，整個熔解過一次。然而，（有些）小行星不會因熱完全熔解，保持著太陽系形成之初的狀態，所以被稱為「太陽系的化石」。

穀神星

Ceres

穀神星是第一顆被發現的小行星。在1801年發現之初，穀神星被認為是新的行星，但直徑大約只有950公里（約水星的5分之1），而且在其軌道附近陸續發現其他小天體，所以後來將這些統稱為小行星。

（※現在穀神星被分類為矮行星→p.107）

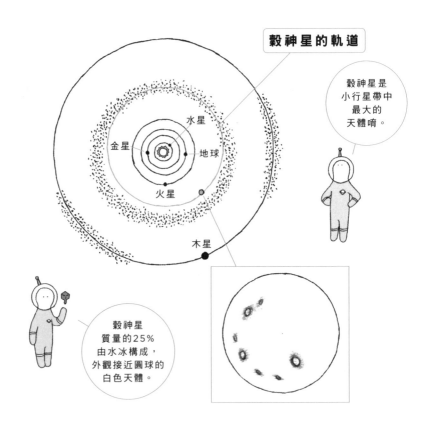

穀神星的軌道

穀神星是小行星帶中最大的天體唷。

水星

金星

地球

火星

木星

穀神星質量的25%由水冰構成，外觀接近圓球的白色天體。

曙光號

Dawn

曙光號，是NASA於2007年發射升空的探測器，在2011年造訪灶神星後，2015年進入穀神星的周回軌道，詳盡觀測穀神星。

隼鳥號／隼鳥2號

MUSES-C／Hayabusa2

隼鳥號和隼鳥2號，是日本宇宙科學研究所（p.292）發射升空的小行星探測器。隼鳥號造訪小行星「糸川（Itokawa）」，採集表面的樣本後，在2010年返回地球。2014年發射的後繼機隼鳥2號，預計於2018年6～7月抵達小行星「龍宮（Ryugu）」，在2020年返回地球。

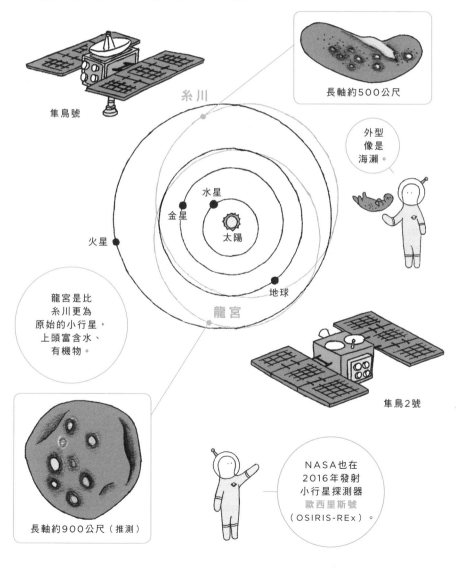

隼鳥號

糸川

長軸約500公尺

外型像是海獺。

水星

金星

太陽

火星

地球

龍宮

龍宮是比糸川更為原始的小行星，上頭富含水、有機物。

隼鳥2號

長軸約900公尺（推測）

NASA也在2016年發射小行星探測器歐西里斯號（OSIRIS-REx）。

隕石

Meteorite

大部分的流星（p.29）會在大氣層燃燒殆盡，但可能有少部分小行星碎片沒有燃燒殆盡，突破大氣層掉落到地面上，這樣碎片稱為**隕石**。隕石的重量從數公克到數十噸都有。

掉落於日本的最大隕石
氣仙隕石
（長75公分、寬45公分、重135公斤）

小行星碎片的隕石
也是太陽系化石，
保留了在太陽系
形成之初的樣貌。

南極的隕石特別多？

考察員在南極發現大量的隕石（稱為南極隕石）。這是由於南極的皚皚白雪上，黑色的隕石較為顯眼的緣故，再加上掉落南極的隕石，會被冰雪搬運到山脈附近，因而容易大量發現。

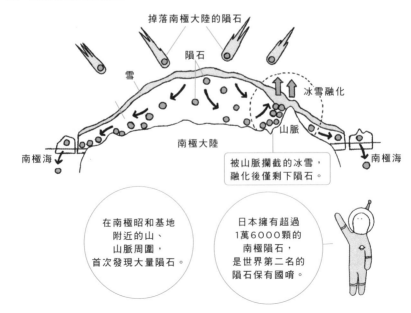

掉落南極大陸的隕石

隕石

雪

冰雪融化

南極大陸

山脈

被山脈攔截的冰雪，
融化後僅剩下隕石。

南極海

南極海

在南極昭和基地
附近的山、
山脈周圍，
首次發現大量隕石。

日本擁有超過
1萬6000顆的
南極隕石，
是世界第二名的
隕石保有國唷。

近地天體

Near Earth Object

近地天體（NEO）是指，運行軌道接近地球的小天體（小行星、彗星等）。目前已經發現1萬6000顆以上的NEO，都確認在近期未來不會衝撞地球。

一般認為，造成恐龍滅絕的原因，是直徑10公里的小行星撞擊地球。

大型的NEO幾乎都找到了，而且都不太可能衝撞地球，太好了。

通古斯大爆炸

Tunguska explosion

1908年，直徑約50公尺的NEO掉落俄羅斯西伯利亞的山上，引起該地區的上空發生爆炸（**通古斯大爆炸**），造成約東京都面積的森林倒塌，所幸該地區偏僻，沒有人員傷亡。2013年，**車里雅賓斯克隕石**（Chelyabinsk meteorite，直徑17公分）掉落俄羅斯，在當地引起災害。

直徑數十公尺的NEO現在只找到數％，看來得趕緊想辦法。

冥王星

Pluto

冥王星曾被認為是太陽系最外圈的行星（第九行星）。然而，因為體積太小等不同的性質，再加上發現其他眾多大小相似的小天體，冥王星於2006年被「降格」為矮行星。

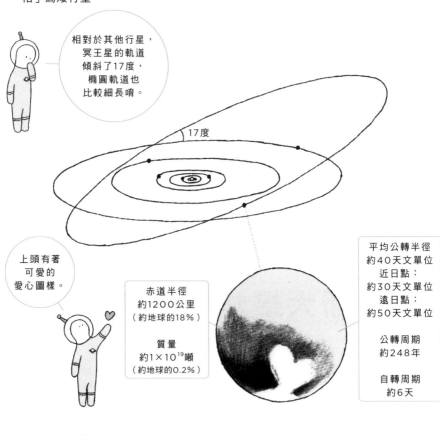

相對於其他行星，冥王星的軌道傾斜了17度，橢圓軌道也比較細長唷。

17度

上頭有著可愛的愛心圖樣。

赤道半徑
約1200公里
（約地球的18％）

質量
約 1×10^{19} 噸
（約地球的0.2％）

平均公轉半徑
約40天文單位
近日點：
約30天文單位
遠日點：
約50天文單位

公轉周期
約248年

自轉周期
約6天

新視野號

New Horizons

新視野號，是NASA於2006年發射升空的無人探測器，在2015年接近冥王星，拍攝了表面樣貌等，現在繼續飛向其他海王星外天體（p.108）。

矮行星
Dwarf planet

2006年的國際天文聯合會，將太陽系的行星定義為：①環繞太陽周圍公轉、②外形接近圓球型（即體積要足夠大）、③軌道附近沒有其他天體。冥王星因不滿足條件③（僅滿足①和②），而被降格為新的分類——矮行星。

矮行星的軌道

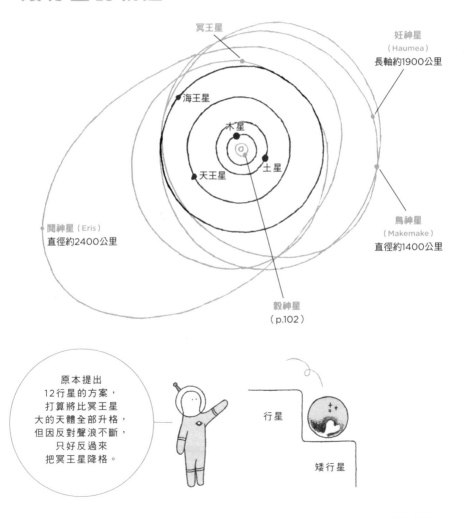

冥王星

妊神星
（Haumea）
長軸約1900公里

海王星

木星

天王星　土星

鬩神星（Eris）
直徑約2400公里

鳥神星
（Makemake）
直徑約1400公里

穀神星
（p.102）

原本提出
12行星的方案，
打算將比冥王星
大的天體全部升格，
但因反對聲浪不斷，
只好反過來
把冥王星降格。

行星

矮行星

艾吉沃斯-古柏帶

Edgeworth-Kuiper belt

1950年代，愛爾蘭天文學者艾吉沃斯（Kenneth Edgeworth）與美國天文學者古柏（Gerard Kuiper）推測，在太陽系周圍有眾多小天體圓盤狀（doughnut）分布，而且彗星是由此區域誕生。這個圓盤狀的區域稱為艾吉沃斯-古柏帶（又稱古柏帶）。

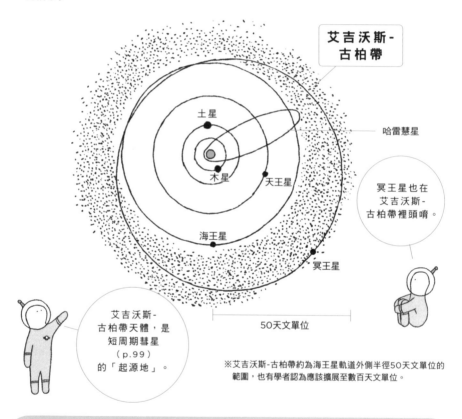

艾吉沃斯-
古柏帶

土星

木星

天王星

海王星

冥王星

哈雷慧星

冥王星也在
艾吉沃斯-
古柏帶裡頭唷。

艾吉沃斯-
古柏帶天體，是
短周期彗星
（p.99）
的「起源地」。

50天文單位

※艾吉沃斯-古柏帶約為海王星軌道外側半徑50天文單位的
範圍，也有學者認為應該擴展至數百天文單位。

海王星外天體

Trans-Neptunian objects

1990年後，科學家在比海王星軌道更遠的地方發現許多小天體，確認了艾吉沃斯-古柏帶的存在。現在，學者將存在於此區域的天體，稱為海王星外天體，又簡稱海外天體。

歐特雲

Oort cloud

歐特雲，是環繞太陽形成圓球狀的假想天體群。荷蘭天文學家歐特（Oort）於1950年提出歐特雲的假說，認為這邊是長周期彗星與非周期彗星（p.99）的故鄉。

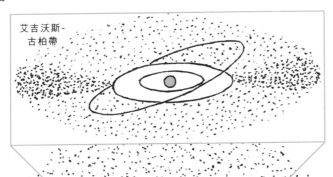

艾吉沃斯-
古柏帶

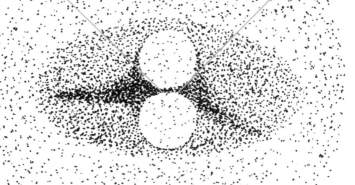

10萬天文單位

歐特雲天體
因為過暗，
還沒有辦法
觀測到。

太陽系第九行星
Planet nine

許多科學家推測，比海王星更遠的地方存在環繞太陽公轉、體積有行星大小的天體，他們不斷尋找這樣的天體。在2016年，美國天文學家透過電腦模擬，具體提出太陽系第九行星（Planet Nine）的軌道，一時蔚為話題。

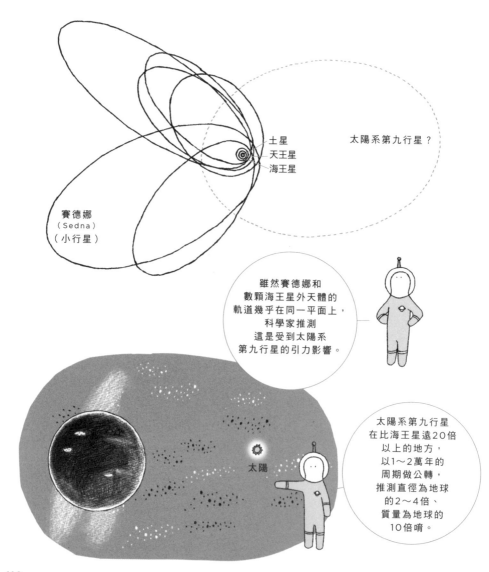

土星
天王星
海王星

太陽系第九行星？

賽德娜
（Sedna）
（小行星）

雖然賽德娜和
數顆海王星外天體的
軌道幾乎在同一平面上，
科學家推測
這是受到太陽系
第九行星的引力影響。

太陽

太陽系第九行星
在比海王星遠20倍
以上的地方，
以1～2萬年的
周期做公轉，
推測直徑為地球
的2～4倍、
質量為地球的
10倍唷。

太陽圈

Heliosphere

太陽圈，是太陽風（p.41）能夠到達的範圍。太陽風會被銀河系中的星際介質攔截，停下來形成邊界（稱為日球層頂〔Heliopause〕）。

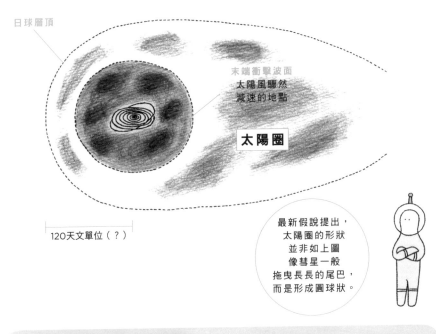

日球層頂

末端衝擊波面
太陽風驟然
減速的地點

太陽圈

120天文單位（？）

最新假說提出，
太陽圈的形狀
並非如上圖
像彗星一般
拖曳長長的尾巴，
而是形成圓球狀。

航海家1號

Voyager 1

航海家1號，是NASA於1977年發射升空的無人探測器。靠近木星與土星觀測完後，繼續在宇宙中航行。在2012年8月通過日球層頂，是第一個離開太陽圈的人造物體。

太陽圈唷，
再會啦～

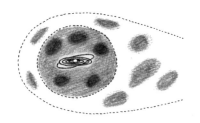

原始太陽系星盤

Protosolar disk

原始太陽系星盤是指，充滿作為太陽系行星材料的濃密氣體與塵埃的圓盤狀星雲。原始太陽系星盤先產生許多微行星，反覆相撞、合體成長為原行星，最後形成現在太陽系中的各行星。

在p.60說明了
太陽的誕生。
這次來說
行星的誕生吧。

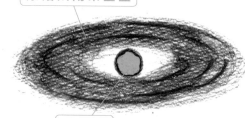

原始太陽系星盤

金牛T星

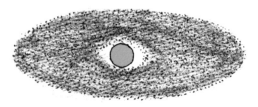

由圓盤內的
固態塵埃形成
無數直徑數
公里的微行星

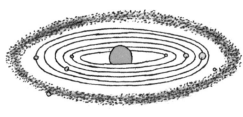

微行星相撞、合體
成長為原行星，
再進一步合體
形成各行星

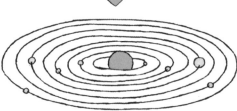

圓盤內的氣體
完全消失，
形成太陽系。

為什麼會分別形成岩質行星、氣態巨行星、冰質巨行星？

在圓盤內靠近太陽的區域，冰會蒸發消失，形成由岩石、金屬構成的小型微行星；而在遠離太陽的區域，會形成由岩石、金屬和大量的冰構成的大型微行星。微行星之間的差異，最後會演變出不同性質的行星。

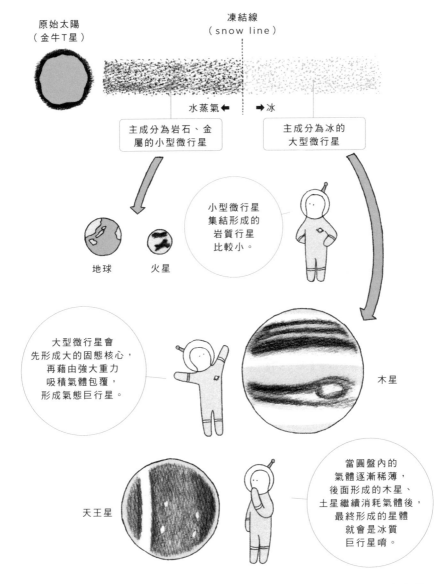

原始太陽
（金牛T星）

凍結線
（snow line）

水蒸氣 ← → 冰

主成分為岩石、金屬的小型微行星

主成分為冰的大型微行星

小型微行星集結形成的岩質行星比較小。

地球　　火星

大型微行星會先形成大的固態核心，再藉由強大重力吸積氣體包覆，形成氣態巨行星。

木星

天王星

當圓盤內的氣體逐漸稀薄，後面形成的木星、土星繼續消耗氣體後，最終形成的星體就會是冰質巨行星唷。

大航向模型理論

Grand tack theory

大航向模型理論是描述太陽系形成的新假說，認為在太陽系形成初期，木星、土星曾經朝向太陽接近，但後來逆轉航向移動至外側（Grand tack意為大轉向＝改變航向）。此假說能夠適當地解釋，為什麼火星是小型的岩質行星。

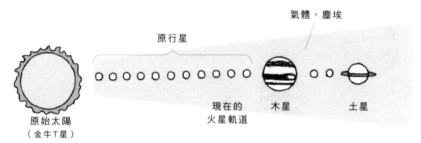

根據古典理論，現在的火星軌道附近過去存在許多原行星，照理來說，原行星相撞、合體後，火星應形成比地球還要大的行星。

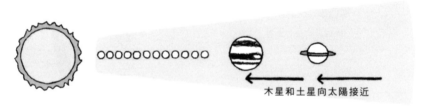

根據大航向模型理論，木星、土星受阻於原始太陽系星盤內的氣體（正確來說是角動量減少），公轉軌道逐漸接近太陽，許多原行星不是被擠到更內側，就是被推向外側。

原始太陽系星盤內的氣體消失後，木星、土星開始轉向移動至外側，使得現在的火星軌道附近幾乎沒有殘留原行星，火星只能形成小型的岩質行星。

能夠觀測到太陽系誕生的「現場」嗎？

拜ALMA望遠鏡（p.296）所賜，科學家能夠觀測到剛誕生的恆星周圍，正在形成行星的現場。若諸如此類的觀測、理論性研究繼續發展，關於大航向模型理論正確與否在內的諸多議題，相信我們能夠對太陽系的行星形成有更進一步的理解。

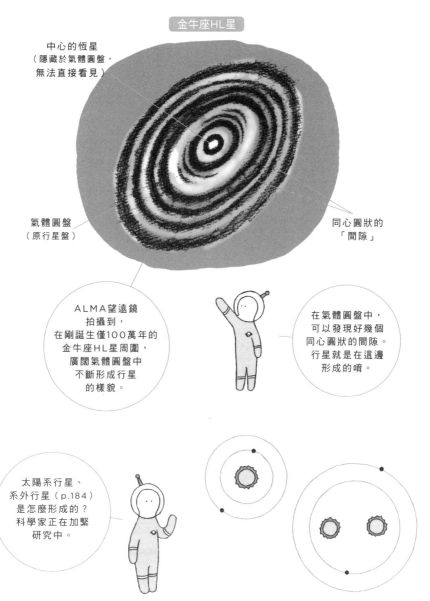

金牛座HL星

中心的恆星
（隱藏於氣體圓盤，
無法直接看見）

氣體圓盤
（原行星盤）

同心圓狀的
「間隙」

ALMA望遠鏡
拍攝到，
在剛誕生僅100萬年的
金牛座HL星周圍，
廣闊氣體圓盤中
不斷形成行星
的樣貌。

在氣體圓盤中，
可以發現好幾個
同心圓狀的間隙。
行星就是在這邊
形成的唷。

太陽系行星、
系外行星（p.184）
是怎麼形成的？
科學家正在加緊
研究中。

05

克卜勒

1571 - 1630

數學才華洋溢的德國天文學家克卜勒（Kepler），
曾經師事天文觀測權威的丹麥天文學家
布拉赫（Tycho Brahe）。
根據布拉赫死後留下來的龐大觀測資料，
克卜勒不斷探討行星的運動，
發現行星的軌道不是過去認為的圓形，
而應該是橢圓形，提出克卜勒定律（p.76）。

06

伽利略

1564（儒略曆）- 1642（格里曆）

義大利的天文學家伽利略，
自己製作剛發明不久的望遠鏡來觀測外太空，
發現月球表面盡是隕石坑（p.47）、
銀河系中有許多黯淡的星體。
後來，他也發現在木星周圍的伽利略衛星，
質疑所有天體繞著地球運轉的地心說，
轉而支持日心說。

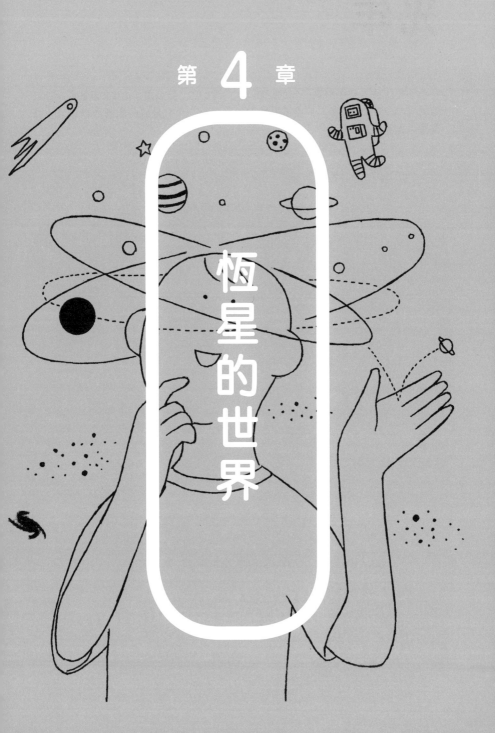

第 **4** 章

恆星的世界

光年
Light-year

光年，是光在真空中行進一年的距離，約9兆4600億公里（正確來說是9兆4607億3047萬2580.8公里）。描述星體間的距離時，天文單位的數值顯得過大，通常會以光年作為單位。

一光年約有多遠？

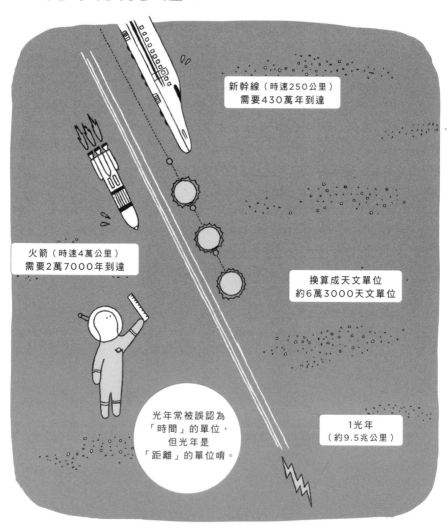

新幹線（時速250公里）
需要430萬年到達

火箭（時速4萬公里）
需要2萬7000年到達

換算成天文單位
約6萬3000天文單位

光年常被誤認為
「時間」的單位，
但光年是
「距離」的單位唷。

1光年
（約9.5兆公里）

鄰近太陽系的星體距離有多少光年？

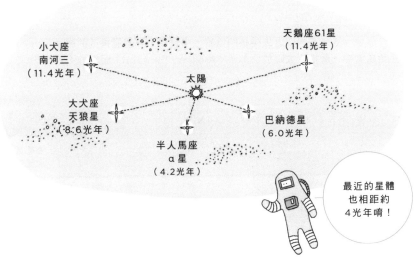

小犬座
南河三
（11.4光年）

天鵝座61星
（11.4光年）

太陽

大犬座
天狼星
（8.6光年）

巴納德星
（6.0光年）

半人馬座
α星
（4.2光年）

最近的星體
也相距約
4光年唷！

與各種天體的距離

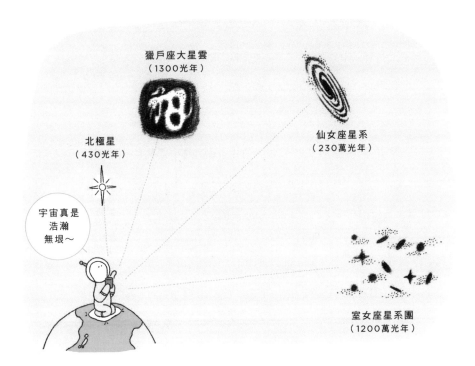

獵戶座大星雲
（1300光年）

仙女座星系
（230萬光年）

北極星
（430光年）

宇宙真是
浩瀚
無垠～

室女座星系團
（1200萬光年）

半人馬座α星

Alpha Centauri

半人馬座α星，是最鄰近太陽系的恆星，它是由三顆星體構成的聯星（p.176）。
三顆星當中，最接近太陽的比鄰星（Proxima Centauri）距離約4.2光年。

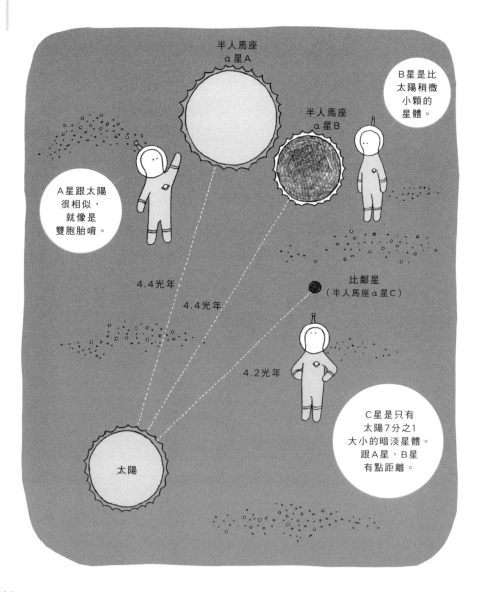

半人馬座
α星A

B星是比
太陽稍微
小顆的
星體。

半人馬座
α星B

A星跟太陽
很相似，
就像是
雙胞胎唷。

4.4光年

4.4光年

比鄰星
（半人馬座α星C）

4.2光年

太陽

C星是只有
太陽7分之1
大小的暗淡星體。
跟A星、B星
有點距離。

比鄰星的行星可能有海洋存在？

比鄰星有著跟地球差不多大小的行星，該行星上可能有海洋存在。

突破星擊

Breakthrough Starshot

突破星擊是一項極具野心的計畫，預計將郵票大小的超高速迷你探測器送至半人馬座α星。迷你探測器從地球出發，以雷射光激發加速至光速的5分之1，只需要20年的時間就能抵達距離約4光年的半人馬座α星。

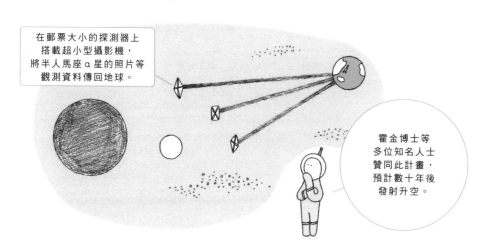

在郵票大小的探測器上搭載超小型攝影機，將半人馬座α星的照片等觀測資料傳回地球。

霍金博士等多位知名人士贊同此計畫，預計數十年後發射升空。

1等星
First magnitude star

恆星的亮度是以**星等**（magnitude）作為單位。約2200年前，古希臘天文學家**希巴卡斯**（Hipparchus）定義特別明亮的星體為**一等星**，肉眼勉強可見的黯淡星體為六等星，將星體的亮度劃分為**六個星等**。

特別明亮的是一等星。

勉強可見的是六等星。

希巴卡斯

也有零等星、負一等星？

現在對星等有嚴謹的界定，一等星剛好比六等星亮100倍。另外，星等也有零等、負一等、七等、八等。除了向一至六等的兩側擴張之外，有時也會使用小數點。

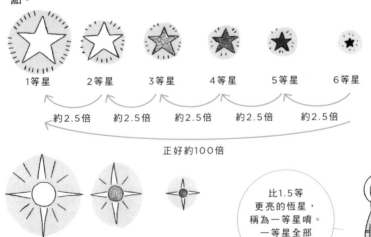

| 1等星 | 2等星 | 3等星 | 4等星 | 5等星 | 6等星 |

約2.5倍　約2.5倍　約2.5倍　約2.5倍　約2.5倍

正好約100倍

天狼星
（大犬座）
-1.4等

半人馬座
α星
-0.1等

天津四
（天鵝座）
1.3等

比1.5等更亮的恆星，稱為一等星唷。一等星全部有21顆。

太陽為幾等星？

太陽不包含在一等星內，其亮度為-26.7星等。

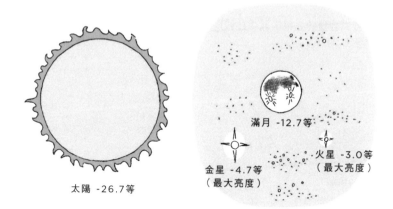

太陽 -26.7等

滿月 -12.7等

金星 -4.7等
（最大亮度）

火星 -3.0等
（最大亮度）

絕對星等

Absolute magnitude

我們觀測到的星等，是從地球上看到的「視星等」。即便星體本來的亮度相同，近距離看會比較亮、遠距離看會比較暗。於是，科學家假想星體置於離地球32.6光年（10秒差距→p.171），將該位置的亮度定義為絕對星等，用以表示星體本來的亮度。

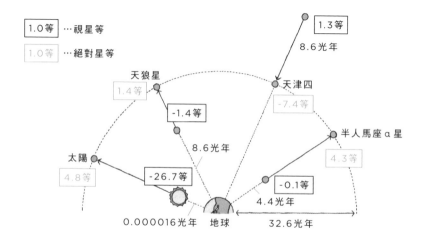

1.0等 …視星等

1.0等 …絕對星等

1.3等
8.6光年

天狼星
1.4等

天津四
-7.4等

-1.4等

8.6光年

半人馬座α星
4.3等

太陽
4.8等

-26.7等

-0.1等

4.4光年

0.000016光年　地球

32.6光年

專有名稱

Unique name

恆星有各式各樣的名稱，其中比較明亮的恆星，會以希臘神話、阿拉伯語等來取專有名稱。

獵戶座星體的專有名稱

由來不明
（閃耀的
物體？）

Meissa
三等星（3.4等）

由來不明
（手？）

女戰士

Betelgeuse
一等星（0.4等）

Bellatrix
二等星（1.6等）

連結的物體

Alnilam
二等星（1.7等）

Mintaka
二等星（2.3等）

腰帶

腰帶

Alnitak
二等星（1.7等）

Saiph
二等星（2.1等）

劍

Rigel
一等星（0.2等）

腳

日本根據
源平合戰的顏色，
將紅色的Betelgeuse
稱為「平家星」；
白色的Rigel
稱為「源氏星」唷。

恆星的專有名稱
很多不曉得緣由，
要不就是
眾說紛紜唷。

拜耳命名法
Byer designation

拜耳命名法（又稱拜耳編號），是17世紀德國業餘天文學家拜耳（Byer）所提出的恆星命名法，將每個星座由最亮的星體依序以α、β、γ……希臘字母取名。不是很亮的恆星、沒有專有名稱的恆星，通常會以拜耳命名法來命名。

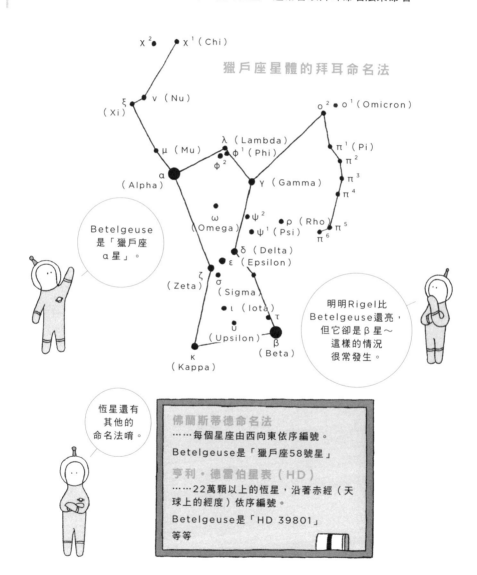

獵戶座星體的拜耳命名法

Betelgeuse 是「獵戶座 α 星」。

明明Rigel比Betelgeuse還亮，但它卻是 β 星～這樣的情況很常發生。

恆星還有其他的命名法唷。

佛蘭斯蒂德命名法
……每個星座由西向東依序編號。
Betelgeuse是「獵戶座58號星」

亨利・德雷伯星表（HD）
……22萬顆以上的恆星，沿著赤經（天球上的經度）依序編號。
Betelgeuse是「HD 39801」
等等

星體周日運動

Diurnal motion

星體周日運動是指，因為地球自轉的關係，所有星體由東向西移動的現象。星體周日運動的周期跟地球自轉（p.53）的周期相同，都是23小時56分4秒。

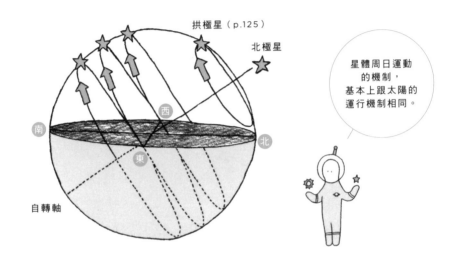

星體周日運動的機制，基本上跟太陽的運行機制相同。

東邊～南邊～西邊天空的星體移動

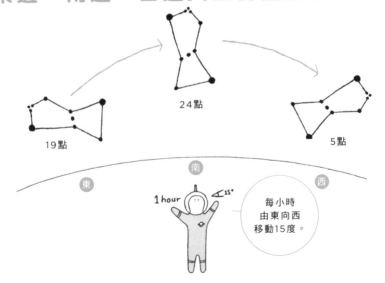

每小時由東向西移動15度。

北邊天空的星體移動

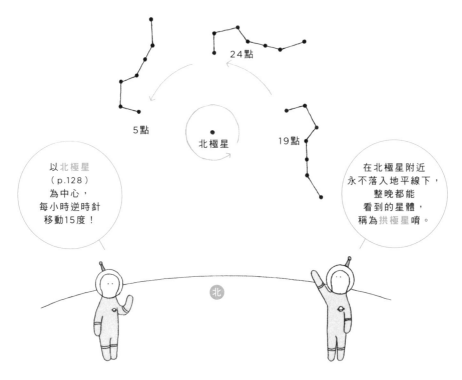

24點

5點

北極星

19點

以北極星
（p.128）
為中心，
每小時逆時針
移動15度！

在北極星附近
永不落入地平線下，
整晚都能
看到的星體，
稱為拱極星唷。

在赤道、北極、南極，星體會怎麼移動？

在赤道，星體會從東邊垂直於地平線升起，再從西邊垂直於地平線落下。而在北極、南極，星體會平行於地平線運行。

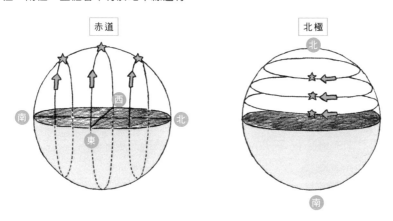

赤道

北極

北極星

Pole star／Polaris

北極星（小熊座α星，專有名稱為Polaris）位於地球自轉軸向北極延伸處，亦即天球北極附近。從地球上觀測，北極星幾乎整晚固定不動，北邊天空的星星看起來像是以北極星為中心做圓周運動。

怎麼尋找北極星？

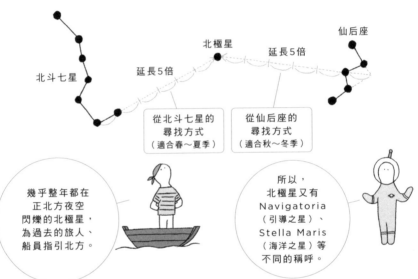

北斗七星

延長5倍

北極星

延長5倍

延長5倍

仙后座

從北斗七星的尋找方式（適合春～夏季）

從仙后座的尋找方式（適合秋～冬季）

幾乎整年都在正北方夜空閃爍的北極星，為過去的旅人、船員指引北方。

所以，北極星又有Navigatoria（引導之星）、Stella Maris（海洋之星）等不同的稱呼。

北極星也會些微移動？

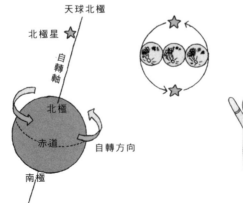

天球北極

北極星

自轉軸

北極

赤道

自轉方向

南極

天球南極

其實，北極星在稍微偏離天球北極的位置，做直徑約三顆滿月的圓周運動唷。

在1萬2000年後,「織女星」會變成北極星?

地球自轉軸的方向,會像陀螺頂部一樣搖擺,約以2萬6000年的周期做自轉軸擺動(歲差運動)。當自轉軸的方向改變,天球北極的方向也會跟著變化,換成不同的星體擔任北極星。

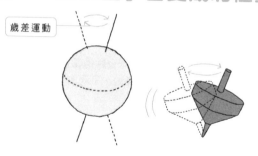

歲差運動

北極星的變遷

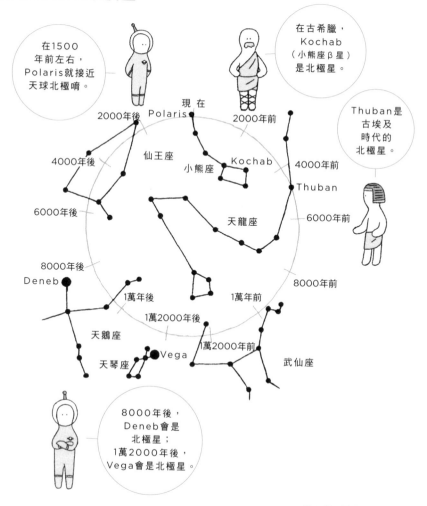

在1500年前左右,Polaris就接近天球北極唷。

在古希臘,Kochab(小熊座β星)是北極星。

Thuban是古埃及時代的北極星。

現在
Polaris
2000年後
2000年前
仙王座
小熊座
Kochab
4000年後
4000年前
Thuban
6000年後
6000年前
天龍座
8000年後
8000年前
Deneb
1萬年後
1萬年前
1萬2000年後
1萬2000年前
天鵝座
Vega
天琴座
武仙座

8000年後,Deneb會是北極星;1萬2000年後,Vega會是北極星。

星體周年運動

星體周年運動是指因為地球公轉的關係，同一時刻所見的恆星位置每晚向西移動約1度。由於恆星的周年運動，不同的季節才能夠觀測到不同的星座。

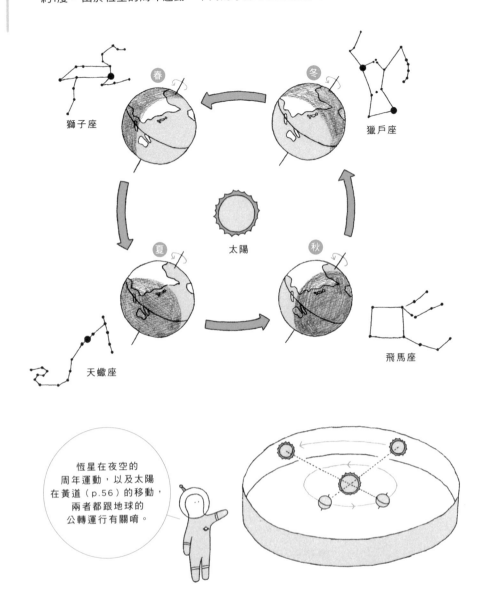

獅子座

春

冬

獵戶座

太陽

夏

秋

天蠍座

飛馬座

恆星在夜空的
周年運動，以及太陽
在黃道（p.56）的移動，
兩者都跟地球的
公轉運行有關唷。

黃道十二星座

12 ecliptical constellations

黃道十二星座是指，通過黃道（p.56）的12個星座。在占星術上「生於○○座」，表示「出生的時候，太陽最接近該星座（在黃道上的哪個位置）」。因此，需要經過半年左右，才能在夜空看到自己的誕生星座。

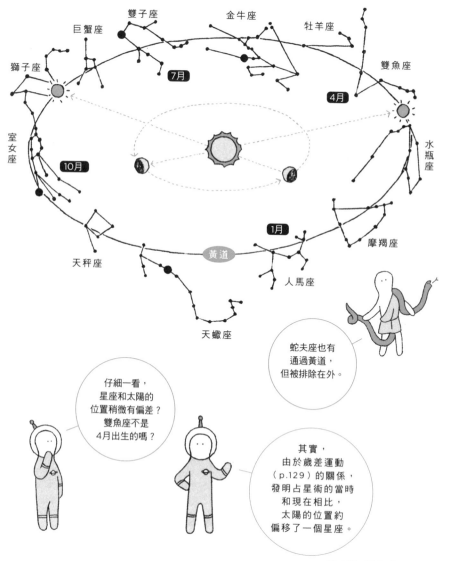

蛇夫座也有通過黃道，但被排除在外。

仔細一看，星座和太陽的位置稍微有偏差？雙魚座不是4月出生的嗎？

其實，由於歲差運動（p.129）的關係，發明占星術的當時和現在相比，太陽的位置約偏移了一個星座。

星座
Constellation

距今約4000年前，美索不達米亞（現為伊拉克）人們看著夜空中的明亮星星，將星星的排列聯想成動物、傳說英雄或者神祇等姿態。這樣的聯想傳至古希臘，結合希臘神話、傳說後，演變成大多數的現代星座。

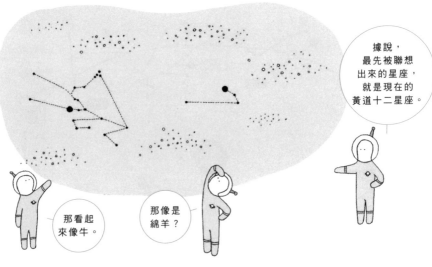

據說，最先被聯想出來的星座，就是現在的黃道十二星座。

那看起來像牛。

那像是綿羊？

托勒密48星座是什麼？

約1900年前，古羅馬天文學家托勒密（p.66）整理了各地出現的星座。這48個星座被稱為托勒密48星座，分別對應現在的北天星座。

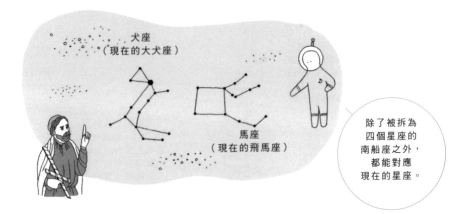

犬座
（現在的大犬座）

馬座
（現在的飛馬座）

除了被拆為四個星座的南船座之外，都能對應現在的星座。

南天星座是怎麼決定的？

距今500年前的「大航海時代」，歐洲人乘船造訪南半球時，將出現在南天的星星也描繪成星座。

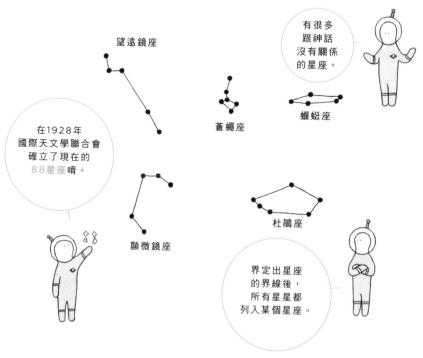

望遠鏡座

有很多
跟神話
沒有關係
的星座。

蒼蠅座

蠍蜓座

在1928年
國際天文學聯合會
確立了現在的
88星座唷。

顯微鏡座

杜鵑座

界定出星座
的界線後，
所有星星都
列入某個星座。

連成星座的星體其實離得很遠？

連成星座的星體兩兩看起來接近，但那只是從地球上觀測的結果，其實很多星體彼此在空間上都離得很遠。

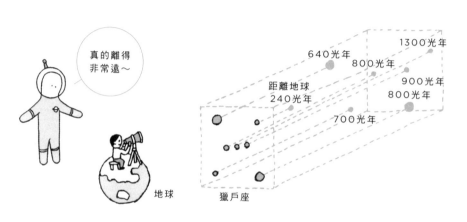

真的離得
非常遠～

地球

1300光年

640光年

800光年

距離地球
240光年

900光年

800光年

700光年

獵戶座

春季大曲線

Spring large curve

高掛春季夜空，形似「斗勺」的北斗七星，從「勺柄」的4顆亮星延伸弧線，可發現橘黃色的牧夫座一等星大角星（Arcturus）。再進一步延伸，可抵達藍白色的室女座一等星角宿一（Spica）。這條弧線就是春季大曲線。

春季的代表星座

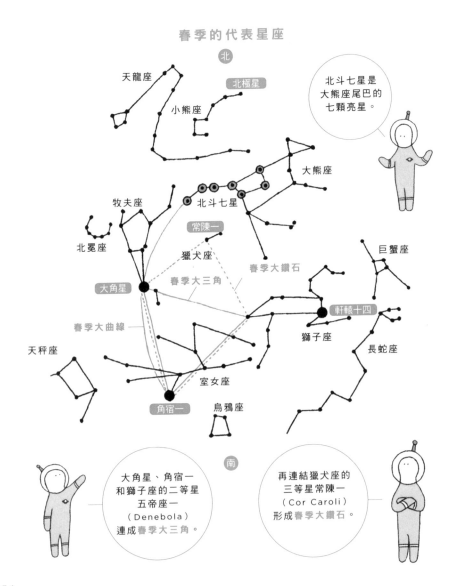

北斗七星是大熊座尾巴的七顆亮星。

大角星、角宿一和獅子座的二等星五帝座一（Denebola）連成春季大三角。

再連結獵犬座的三等星常陳一（Cor Caroli）形成春季大鑽石。

夏季大三角
Summer triangle

梅雨季節過後，在晚間九點左右的東邊天空，三顆明亮的一等星會形成巨大的三角形。天琴座的織女一（Vega）、天鷹座的河鼓二（Altair）、天鵝座的天津四（Deneb）所連成的夏季大三角，即便在夜晚燈火通明的都市也清楚可見。

夏季的代表星座

織女一是七夕傳說的織女星，河鼓二是牛郎星喵。

天鵝座十字部分的北十字星，在宮澤賢治的《銀河鐵道之夜》中也有出現。

天津四

天鵝座

織女一（織女星）

天琴座

夏季大三角

銀河

巨蛇座

河鼓二（牛郎星）

天鷹座

蛇夫座

巨蛇座

都市夜晚燈火通明，很難看見銀河⋯⋯

人馬座

心宿二

天蠍座

天蠍座的紅色一等星心宿二（Antares），也是顯眼的星星。

秋季四邊形

Great square of Pegasus

秋季夜空鮮少明亮的星體，給人一股寂寥感。其中比較顯目的，是幾乎在正上方閃爍、由四顆明星連成的**秋季四邊形**（又稱**飛馬座四邊形**），亦即飛馬座長著翅膀的胴體部分。

秋季的代表星座

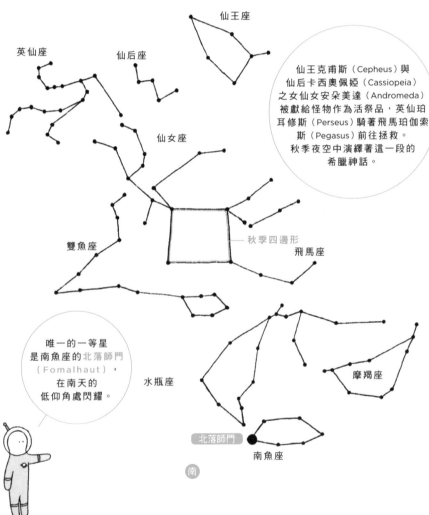

仙王座

英仙座

仙后座

仙女座

雙魚座

秋季四邊形

飛馬座

仙王克甫斯（Cepheus）與仙后卡西奧佩婭（Cassiopeia）之女仙女安朵美達（Andromeda）被獻給怪物作為活祭品，英仙珀耳修斯（Perseus）騎著飛馬珀伽索斯（Pegasus）前往拯救。秋季夜空中演繹著這一段的希臘神話。

唯一的一等星是南魚座的北落師門（Fomalhaut），在南天的低仰角處閃耀。

水瓶座

摩羯座

北落師門

南魚座

南

冬季六邊形

Winter hexagon

冬季是一年中夜空最璀璨的季節。獵戶座的參宿四（Betelgeuse）、大犬座的天狼星（Sirius）、小犬座的南河三（Procyon），這三顆一等星連成的正三角形，稱為冬季大三角。另外，連結六顆一等星的冬季六邊形（冬季大鑽石），也毫不遜色地在夜空閃耀著。

冬季的代表星座

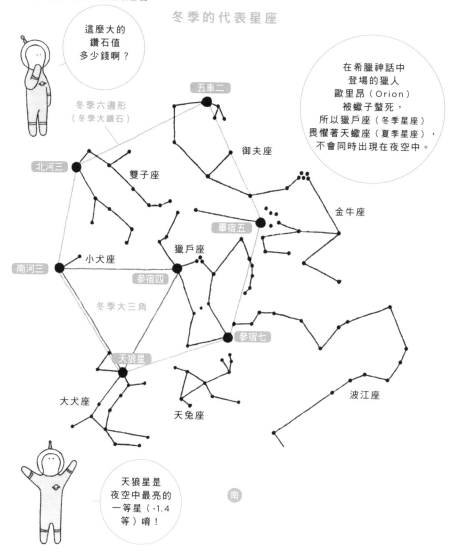

這麼大的鑽石值多少錢啊？

在希臘神話中登場的獵人歐里昂（Orion）被蠍子螫死，所以獵戶座（冬季星座）畏懼著天蠍座（夏季星座），不會同時出現在夜空中。

冬季六邊形（冬季大鑽石）

五車二

御夫座

北河三

雙子座

金牛座

畢宿五

南河三

小犬座

獵戶座

參宿四

冬季大三角

參宿七

天狼星

波江座

大犬座

天兔座

南

天狼星是夜空中最亮的一等星（-1.4等）唷！

南十字星

Southern cross

在日本地區，會有只能看到部分，甚至全都無法看到南天星座（從南半球可觀測的星座）的情況。在沖繩等南部地區，能夠看到著名的南十字星（南魚座）、鄰近太陽系的恆星半人馬座α星。

南半球的星座

真想看看南十字星～

蒼蠅座原本叫作蜜蜂座，舊名稱反而比較好聽……

半人馬座

南十字座

船帆座

半人馬座α星

圓規座

蒼蠅座

螺蜓座

船底座

矩尺座

南三角座

天壇座

天球南極

飛魚座

山案座

繪架座

望遠鏡座

天燕座

孔雀座

劍魚座

南極座

水蛇座

網罟座

時鐘座

雕具座

印第安座

杜鵑座

波江座

顯微鏡座

天鶴座

鳳凰座

天爐座

玉夫座

望遠鏡座、顯微鏡座等，器具類的名稱也很有趣唷。

杜鵑座的Tucana（巨嘴鳥）是棲息於中南美的鳥類。

星宿

星宿，是古代中國想出來的星座名稱。以皇帝之星‧帝星（北極星）為中心，離中心愈遠配置地位愈低的星座。

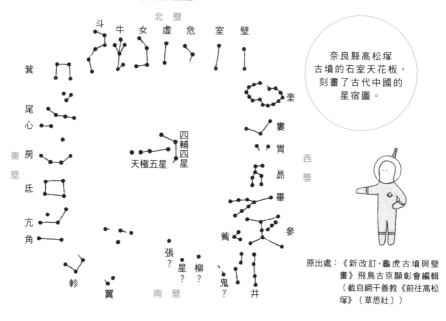

奈良縣高松塚古墳的石室天花板，刻畫了古代中國的星宿圖。

原出處：《新改訂‧龜虎古墳與壁畫》飛鳥古京顯彰會編輯（截自網干善教《前往高松塚》〔草思社〕）

印加星座

Dark constellations of the Incas

在古代印加帝國，人們仰望無數星星閃爍的夜空時，不是連結星體聯想星座，而是將沒有星光的黑暗區域，描繪成的動物姿態，創造出各種星座。

這些黑暗區域其實是暗星雲（p.142）。

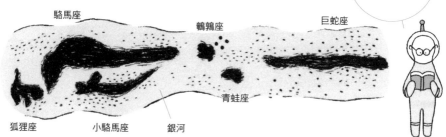

駱馬座　鵪鶉座　巨蛇座　青蛙座　狐狸座　小駱馬座　銀河

星際介質

Interstellar medium

「宇宙是真空的」我們常會聽到這樣的說法，但其實宇宙並非完全真空，仍有少量的氣體（氫氣等）、塵埃（碳、矽等）。這些物質稱為星際介質。

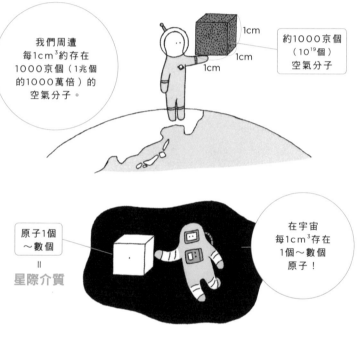

我們周遭每1cm³約存在1000京個（1兆個的1000萬倍）的空氣分子。

約1000京個（10¹⁹個）空氣分子

原子1個～數個
=
星際介質

在宇宙每1cm³存在1個～數個原子！

星際介質的內容

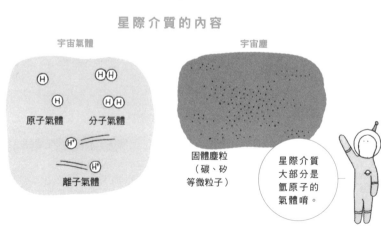

宇宙氣體

原子氣體　分子氣體

離子氣體

宇宙塵

固體塵粒（碳、矽等微粒子）

星際介質大部分是氫原子的氣體唷。

星際雲

Interstellar cloud

星際介質密布形成的雲狀物質，稱為星際雲。經由反射周遭星體的光芒或者擋住後面星體的光芒，被我們觀測到的星際雲，則稱為星雲（p.26）。

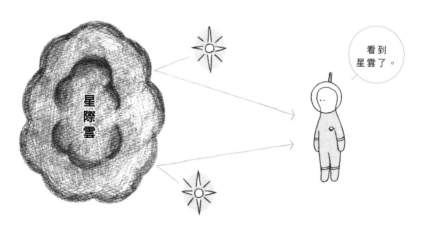

星際雲

看到星雲了。

梅西爾天體

Messier object

梅西爾天體是指，收錄於法國天文學家梅西爾（Messier）所編制的梅西爾星表中的天體。該表取梅西爾的英文字頭，將星雲、星團、星系表記為M1、M2……等，共編制到M110（一部分缺失）。

有很多初學者用小型望遠鏡就能看到的明亮天體。

M42
獵戶座大星雲

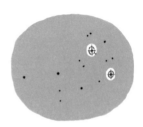

M45
昴宿星團

暗星雲

Dark nebula

星雲依形狀、顏色等可分為不同的種類。暗星雲，是星際雲擋住後面的星光，看起來一片漆黑的星雲。

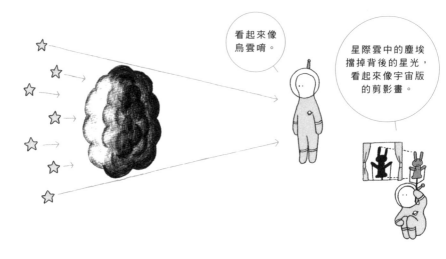

看起來像烏雲唷。

星際雲中的塵埃擋掉背後的星光，看起來像宇宙版的剪影畫。

馬頭星雲

Horsehead Nebula

馬頭星雲，是位於獵戶座的著名暗星雲，顧名思義形狀宛如馬的頭部。

它擋住了背後發射星雲（p.144）的光芒唷。

煤袋星雲

Coalsack

煤袋星雲是指，位於南十字星（南十字座）附近的著名暗星雲。因為擋住銀河的光芒，看起來像是黑洞。

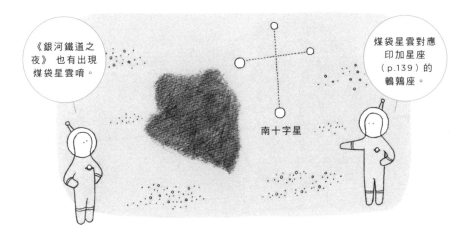

《銀河鐵道之夜》也有出現煤袋星雲唷。

煤袋星雲對應印加星座（p.139）的鶴鶉座。

南十字星

創生之柱

Pillars of Creation

創生之柱是在巨蛇座一帶的鷹星雲（M16）中心部分出現的暗星雲。哈伯太空望遠鏡（p.297）拍攝到其壯麗的姿態，一時蔚為話題。

星雲被稱為「恆星的搖籃」（p.26）。創生之柱如同其名，裡頭有新星正在誕生唷。

發射星雲

Emission nebula

發射星雲是會自行發光的星雲。內部星體的發光、超新星（p.22）爆炸產生的暴風，使得星際雲的溫度升高，發生電離（原子分出原子核和電子的狀態）後放出光芒，形成發射星雲。

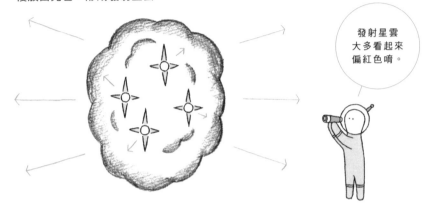

> 發射星雲大多看起來偏紅色唷。

反射星雲

Reflection nebula

反射星雲是反射周圍星體光芒發亮的星雲。
因為星際雲中的塵埃反射光芒，所以看起來像在發亮。

> 發射星雲和反射星雲可以合稱為瀰漫星雲，但每個人對瀰漫星雲的界定可能不同。

> 反射星雲的顏色會是反射星體的顏色唷。

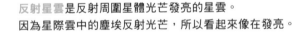

獵戶座大星雲
Orion Nebula

獵戶座大星雲（M42）是鄰近獵戶座中央三星的大型發射星雲，明亮到可用肉眼直接觀測。

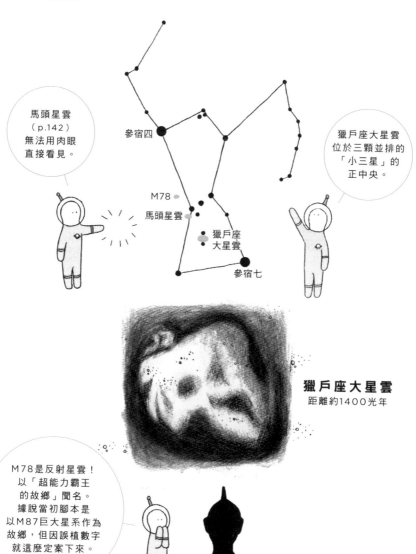

馬頭星雲
（p.142）
無法用肉眼
直接看見。

獵戶座大星雲
位於三顆並排的
「小三星」的
正中央。

參宿四

M78

馬頭星雲

獵戶座
大星雲

參宿七

獵戶座大星雲
距離約1400光年

M78是反射星雲！
以「超能力霸王
的故鄉」聞名。
據說當初腳本是
以M87巨大星系作為
故鄉，但因誤植數字
就這麼定案下來。

分子雲

Molecular cloud

分子雲是以氫分子為主的星際雲。當星際雲的密度變得極高，氫就不會呈現原子的型態，而是兩個原子組成的分子，形成分子雲。

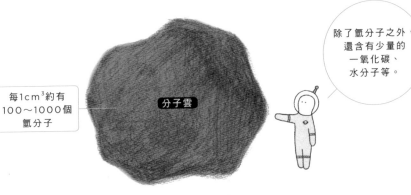

除了氫分子之外，
還含有少量的
一氧化碳、
水分子等。

每1cm³約有
100～1000個
氫分子

分子雲

分子雲核

Molecular cloud core

分子雲當中，密度因某些理由變為原本100倍以上的部分，稱為分子雲核（p.61）。科學家認為，這個分子雲核是直接誕生太陽等恆星的「母胎」。

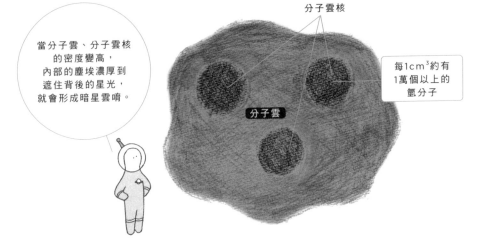

分子雲核

當分子雲、分子雲核
的密度變高，
內部的塵埃濃厚到
遮住背後的星光，
就會形成暗星雲唷。

每1cm³約有
1萬個以上的
氫分子

分子雲

原恆星

Protostar

當分子雲核持續收縮，密度與溫度不斷升高時，中心部分形成的高溫團塊，稱為胎星或者原恆星（太陽的話，稱為原始太陽→p.60）。原恆星藏於分子雲的濃厚氣體中，無法看見，但我們能夠觀測到氣體高溫時所放出的紅外線。

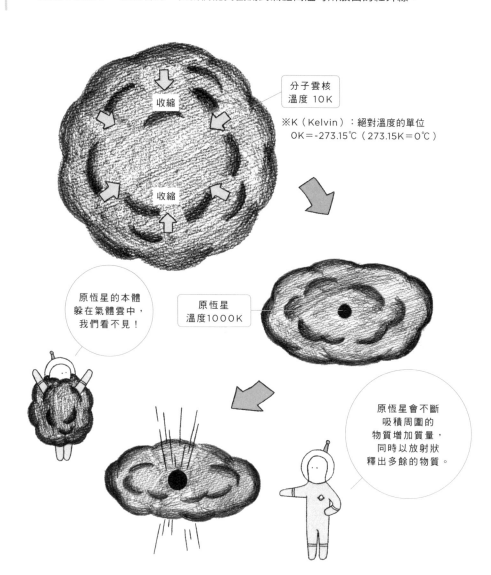

分子雲核
溫度 10K

※K（Kelvin）：絕對溫度的單位
0K＝-273.15℃（273.15K＝0℃）

收縮

收縮

原恆星的本體
躲在氣體雲中，
我們看不見！

原恆星
溫度1000K

原恆星會不斷
吸積周圍的
物質增加質量，
同時以放射狀
釋出多餘的物質。

金牛T星
T Tauri star

金牛T星（金牛座T型變星）是比原恆星更成熟的星體，因為還未進行核融合，可比喻為轉為成熟大人之前的「未成年星體」。我們能夠觀測到因高溫釋放的光芒。

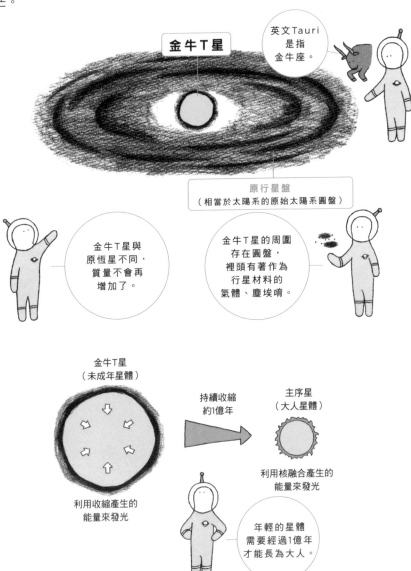

金牛T星

英文Tauri是指金牛座。

原行星盤
（相當於太陽系的原始太陽系圓盤）

金牛T星與原恆星不同，質量不會再增加了。

金牛T星的周圍存在圓盤，裡頭有著作為行星材料的氣體、塵埃唷。

金牛T星
（未成年星體）

持續收縮
約1億年

主序星
（大人星體）

利用收縮產生的
能量來發光

利用核融合產生的
能量來發光

年輕的星體需要經過1億年才能長為大人。

棕矮星

Brown dwarf

若原恆星未獲得足夠的質量，中心溫度將不足以引起氫的核融合，最後變成輻射紅外線的天體。質量未達太陽的8%的星體，會形成這種「未能成為恆星的」棕矮星。

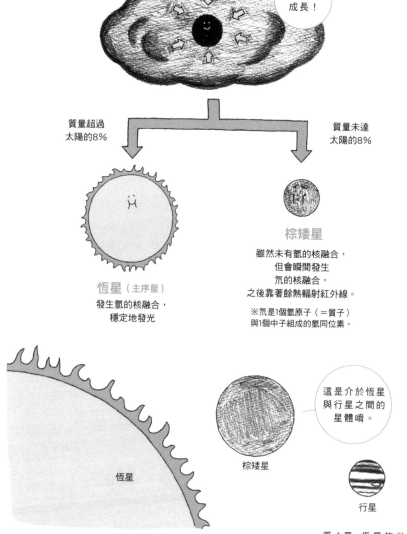

原恆星

不斷地
成長！

質量超過
太陽的8%

質量未達
太陽的8%

恆星（主序星）
發生氫的核融合，
穩定地發光

棕矮星

雖然未有氫的核融合，
但會瞬間發生
氘的核融合，
之後靠著餘熱輻射紅外線。

※氘是1個氫原子（＝質子）
與1個中子組成的氫同位素。

恆星

這是介於恆星
與行星之間的
星體唷。

棕矮星

行星

主序星

Main sequence star

主序星是指，藉由核融合穩定發光的「大人星球」。夜空中的星星大多為主序星，太陽也為主序星。

重力造成的收縮

核融合能量造成的膨脹

膨脹和收縮達成平衡，使得主序星能穩定發光。

作為主序星，持續燃燒45億年了。

我還可以再當50億年的主序星唷！

太陽

真是能者多勞啊～

疏散星團

Open cluster

疏散星團，是由數十個到數百個較為年輕的星體聚集形成的星團（p.27）。
從相同分子雲同時誕生的星體，在分開之前彼此靠近的集團就是疏散星團。

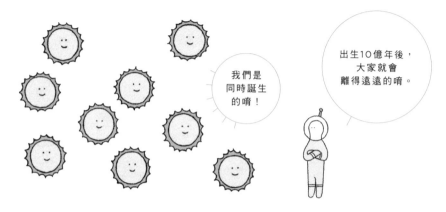

我們是
同時誕生
的唷！

出生10億年後，
大家就會
離得遠遠的唷。

昂宿星團

Pleiades

昂宿星團（M45），是位於金牛座的著名疏散星團。它又以すばる（昂）的
日本名聞名。誕生後僅經過6000萬年～1億年左右，算是非常年輕的恆星集
團。

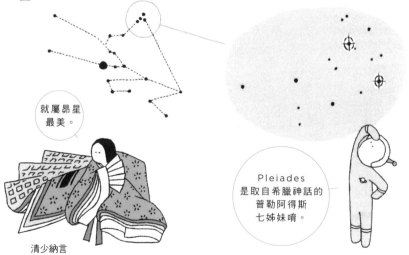

就屬昂星
最美。

Pleiades
是取自希臘神話的
普勒阿得斯
七姊妹唷。

清少納言

光譜型

Spectral type

根據恆星表面溫度的不同，依溫度的高低順序分成O型、B型、A型、F型、G型、K型、M型。這稱為恆星的光譜型。

另外，不同的溫度會顯現不一樣的星色，愈高溫愈接近藍白色，低溫的星體看起來偏紅色。太陽是G型星，在夜空中看起來偏黃色。

冬季夜空的星體與光譜型

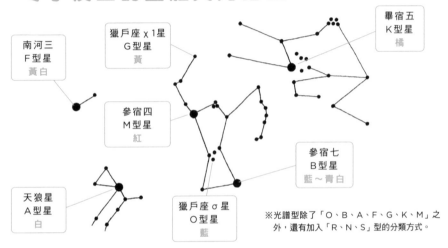

南河三
F型星
黃白

獵戶座 χ1星
G型星
黃

畢宿五
K型星
橘

參宿四
M型星
紅

參宿七
B型星
藍～青白

天狼星
A型星
白

獵戶座 σ 星
O型星
藍

※光譜型除了「O、B、A、F、G、K、M」之外，還有加入「R、N、S」型的分類方式。

光譜型順序的背誦口訣

Oh,
Be A Fine
Girl,
Kiss Me!

啊！
多麼美麗的女孩，
讓我親一個！

おばあふくかむ
（OBAFuGuKaMu）

奶奶吃河豚

光譜型也表示星體質量的不同？

若是主序星的話，表面溫度愈高，星體質量愈大（重）。比如O型星的質量比太陽（G型星）重數十倍以上，而M型星的質量僅有太陽的兩成左右。

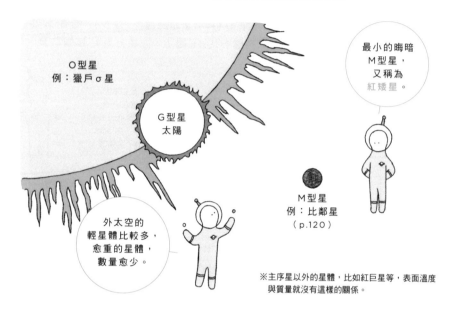

O型星
例：獵戶σ星

G型星
太陽

最小的晦暗
M型星，
又稱為
紅矮星。

M型星
例：比鄰星
（p.120）

外太空的
輕星體比較多，
愈重的星體，
數量愈少。

※主序星以外的星體，比如紅巨星等，表面溫度
與質量就沒有這樣的關係。

沉重星體的壽命比較短？

愈重的星體擁有愈多作為核融合「材料」的氫，容易讓人誤以為壽命比較長。然而，愈重的星體引力愈強、中心部的溫度愈高，使得核融合反應較為激烈，需要大量消耗氫，壽命反而會比較短。

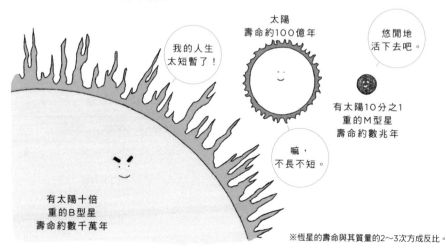

太陽
壽命約100億年

我的人生
太短暫了！

悠閒地
活下去吧。

有太陽10分之1
重的M型星
壽命約數兆年

嘛，
不長不短。

有太陽十倍
重的B型星
壽命約數千萬年

※恆星的壽命與其質量的2～3次方成反比。

HR圖
Hertzaprung-Russell diagram

HR圖（赫羅圖）是指，橫軸為光譜型（或者星體的顏色、溫度）、縱軸為星體原本亮度（絕對星等）的恆星分布圖。在HR圖上，恆星分為好幾個群聚。

絕對星等是
星體原本的
亮度
（p.123）。

天文學家
赫茲史普
（Hertzsprung）
和羅素（Russell）
想出了這張圖。

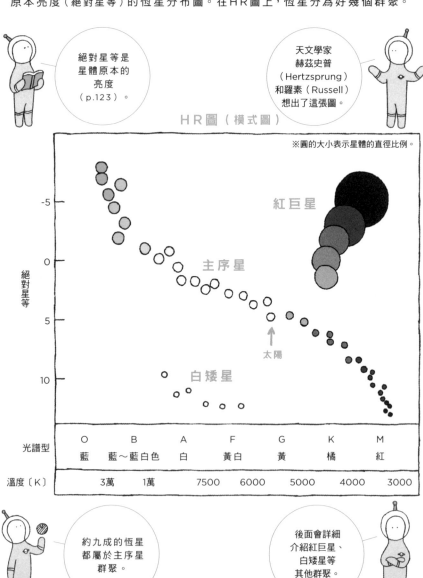

HR圖（模式圖）

※圖的大小表示星體的直徑比例。

紅巨星

主序星

↑
太陽

白矮星

光譜型	O	B	A	F	G	K	M
	藍	藍〜藍白色	白	黃白	黃	橘	紅
溫度〔K〕		3萬	1萬	7500	6000	5000	4000	3000

約九成的恆星
都屬於主序星
群聚。

後面會詳細
介紹紅巨星、
白矮星等
其他群聚。

使用HR圖測量星體的距離

以下述方法使用HR圖，可推測銀河系的恆星距離（僅限主序星）。

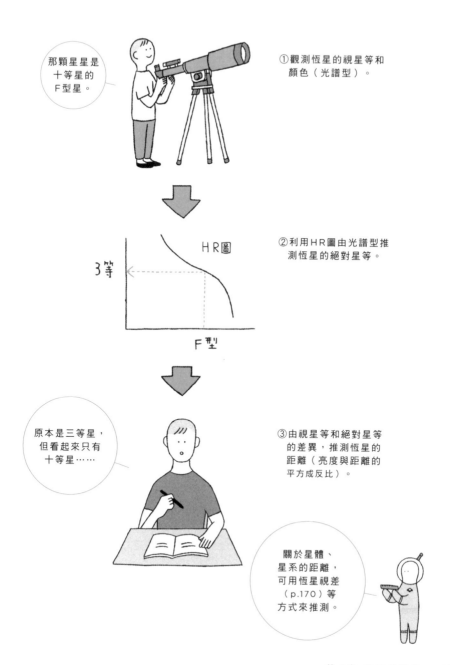

那顆星星是十等星的F型星。

①觀測恆星的視星等和顏色（光譜型）。

HR圖

3等

F型

②利用HR圖由光譜型推測恆星的絕對星等。

原本是三等星，但看起來只有十等星……

③由視星等和絕對星等的差異，推測恆星的距離（亮度與距離的平方成反比）。

關於星體、星系的距離，可用恆星視差（p.170）等方式來推測。

紅巨星

Red giant

紅巨星是進入老年期的星體。當主序星幾乎用盡作為燃料的氫時，星體中心累積核融合產生的氦，與殘留的氫發生劇烈反應釋放大量的熱，星體逐漸巨大化。巨大化使得表面溫度降低，形成星體看起來偏紅色的紅巨星。

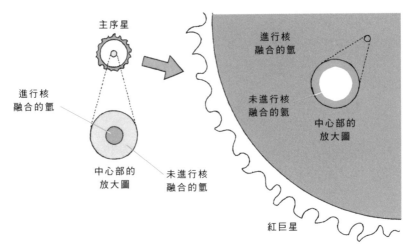

太陽什麼時候會變成紅巨星？

太陽作為主序星還可穩定燃燒50億年，但科學家猜測，太陽在那之後會逐漸膨脹成紅巨星，水星、金星會被巨大化的太陽吞噬而蒸發。

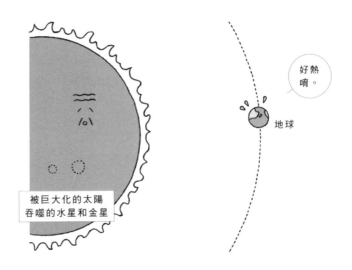

盾牌座UY星

UY Scuti

比紅巨星更巨大的紅星體，稱為紅超巨星。盾牌座UY星是位於盾牌座的紅超巨星，直徑推測約為太陽的1700倍，是目前已知（直徑大小）最巨大的恆星。

比較具代表性的紅巨星、紅超巨星大小

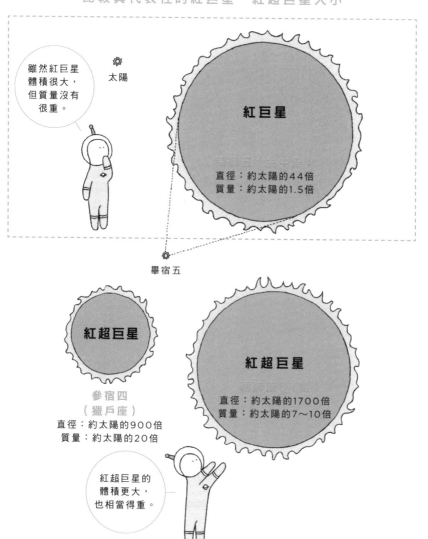

雖然紅巨星體積很大，但質量沒有很重。

太陽

紅巨星

直徑：約太陽的44倍
質量：約太陽的1.5倍

畢宿五

紅超巨星

參宿四
（獵戶座）
直徑：約太陽的900倍
質量：約太陽的20倍

紅超巨星

直徑：約太陽的1700倍
質量：約太陽的7～10倍

紅超巨星的體積更大，也相當得重。

AGB恆星

Asymptotic giant branch star

星體一生的最終樣貌會因其質量而不同，類似太陽的星體（質量不超過太陽八倍的星體）變成紅巨星後，會先收縮接著再巨大化。這樣的星體稱為AGB恆星（漸進巨星分支恆星），是類似太陽星體的晚年樣貌。

太陽的老後到滅亡①

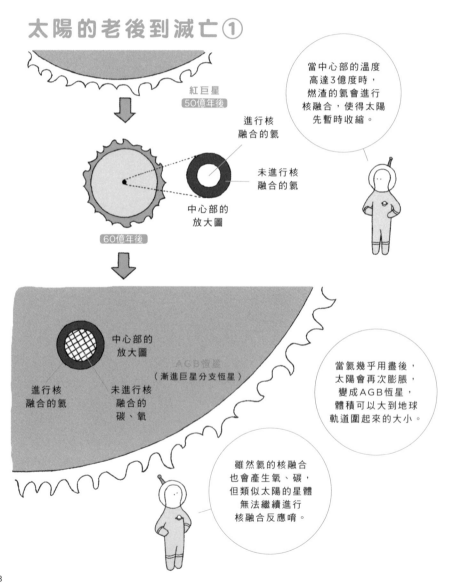

紅巨星
50億年後

進行核融合的氦

未進行核融合的氦

中心部的放大圖

60億年後

中心部的放大圖

AGB恆星
（漸進巨星分支恆星）

進行核融合的氦

未進行核融合的碳、氧

當中心部的溫度高達3億度時，燃渣的氦會進行核融合，使得太陽先暫時收縮。

當氦幾乎用盡後，太陽會再次膨脹，變成AGB恆星，體積可以大到地球軌道圍起來的大小。

雖然氦的核融合也會產生氧、碳，但類似太陽的星體無法繼續進行核融合反應唷。

白矮星

White dwarf

AGB恆星整顆星體不斷反覆膨脹、收縮，向周圍釋放大量氣體後，不久便會裸露出星體的中心部。星體的中心部因自身重力收縮，最終形成如地球大小的高溫白色星體——白矮星。

太陽的老後到滅亡②

（漸進巨星分支恆星）

白矮星

白矮星不會再進行核融合，靠著餘熱發出白色的光芒。

科學家認為，白矮星經歷數十億年完全冷卻後，會轉為黑矮星唷。這應該就是太陽的最終樣貌吧。

黑矮星

大犬座的一等星天狼星以擁有白矮星陪伴（伴星）而聞名。

天狼星A（一等星）

天狼星B（八等星 白矮星）

研究人員猜測，白矮星上的碳會因壓縮形成巨大的鑽石。

行星狀星雲
Planetary nebula

紅巨星、AGB恆星的周圍散布大量氣體，這些氣體接收到中心星體（形成白矮星之前的星體）輻射的紫外線，形成發出五顏六色光芒的**行星狀星雲**。這是即將終結一生的星體所散發出來的夢幻光輝。

各式各樣的行星狀星雲

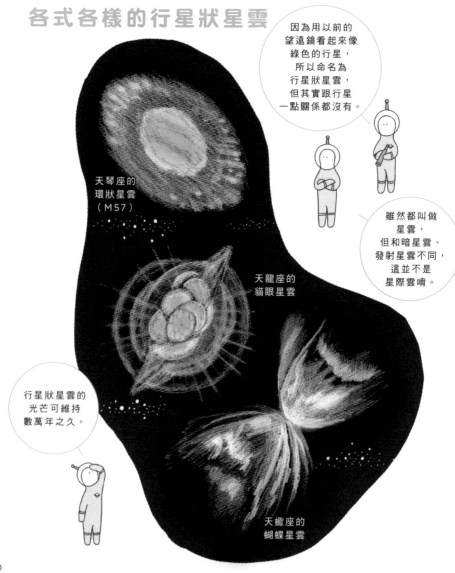

因為用以前的望遠鏡看起來像綠色的行星，所以命名為行星狀星雲，但其實跟行星一點關係都沒有。

天琴座的環狀星雲（M57）

雖然都叫做星雲，但和暗星雲、發射星雲不同，這並不是星際雲唷。

天龍座的貓眼星雲

行星狀星雲的光芒可維持數萬年之久。

天蠍座的蝴蝶星雲

新星
Nova

新星是白矮星表面發生爆炸，突然增亮數百倍至數百萬倍的現象，並不是指誕生新的星體。另外，新星爆炸跟超新星爆炸不同，不是整顆星體爆發開來，而是僅在表面發生爆炸。

新星（新星爆炸）的機制

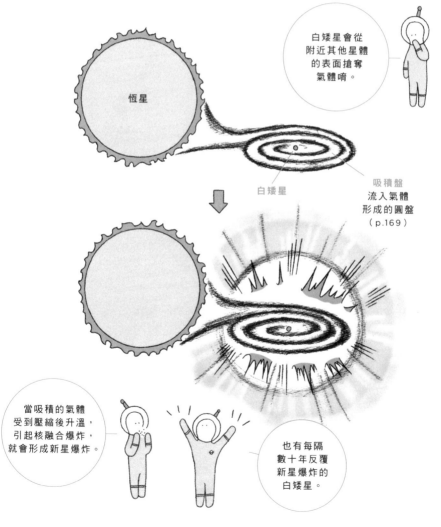

恆星

白矮星會從附近其他星體的表面搶奪氣體唷。

白矮星

吸積盤
流入氣體形成的圓盤
（p.169）

當吸積的氣體受到壓縮後升溫，引起核融合爆炸，就會形成新星爆炸。

也有每隔數十年反覆新星爆炸的白矮星。

重力塌縮
Gravitational collapse

重力塌縮是指，年長的沉重星體因承受不了自身重量而崩塌的現象。質量超過太陽8倍的星體，最後會因重力塌縮而整顆星體爆發開來。這就是超新星爆炸（p.22）。

星體的質量決定老後樣貌

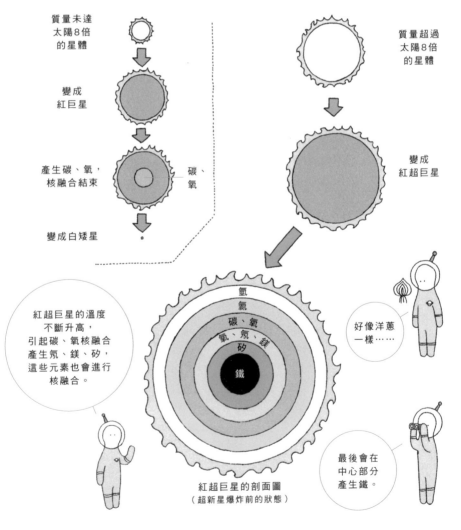

質量未達
太陽8倍
的星體

變成
紅巨星

產生碳、氧，
核融合結束

碳、
氧

變成白矮星

質量超過
太陽8倍
的星體

變成
紅超巨星

氫
氦
碳、氧
氧、氖、鎂
矽
鐵

紅超巨星的溫度
不斷升高，
引起碳、氧核融合
產生氖、鎂、矽，
這些元素也會進行
核融合。

好像洋蔥
一樣……

最後會在
中心部分
產生鐵。

紅超巨星的剖面圖
（超新星爆炸前的狀態）

形成鐵的中心核後會怎麼樣？

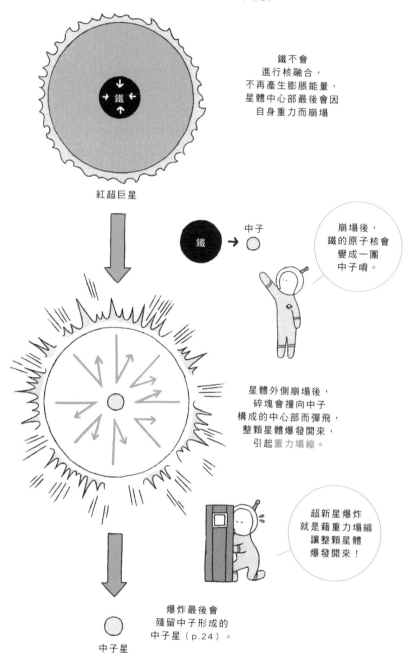

鐵不會
進行核融合，
不再產生膨脹能量，
星體中心部最後會因
自身重力而崩塌

紅超巨星

鐵 → 中子

崩塌後，
鐵的原子核會
變成一團
中子唷。

星體外側崩塌後，
碎塊會撞向中子
構成的中心部而彈飛，
整顆星體爆發開來，
引起重力塌縮。

超新星爆炸
就是藉重力塌縮
讓整顆星體
爆發開來！

爆炸最後會
殘留中子形成的
中子星（p.24）。

中子星

參宿四

Betelgeuse

獵戶座的一等星參宿四，是直徑約為太陽900倍（有各種說法）的紅超巨星。參宿四已進入恆星的最晚年階段，以天文學的規模來說，科學家推測「再過不久」就會發生超新星爆炸。

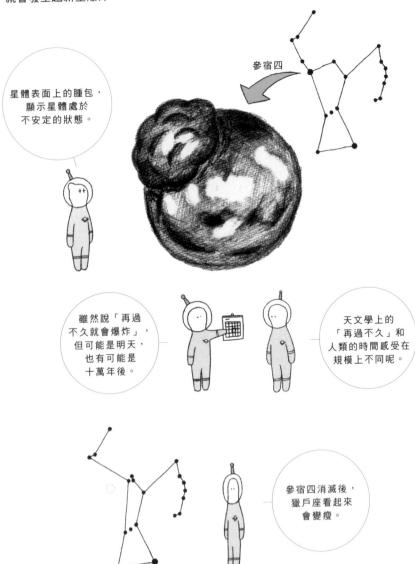

星體表面上的腫包，顯示星體處於不安定的狀態。

參宿四

雖然說「再過不久就會爆炸」，但可能是明天，也有可能是十萬年後。

天文學上的「再過不久」和人類的時間感受在規模上不同呢。

參宿四消滅後，獵戶座看起來會變瘦。

超新星殘骸

Supernova remnant

超新星殘骸，是恆星發生超新星爆炸後殘留下來的天體。爆炸後以超高速噴出的氣體，撞擊星際介質產生高溫，形成發出美麗光輝的超新星殘骸。這殘骸也被分類為星雲（p.26）的一種。

蟹狀星雲

Crab Nebula

蟹狀星雲（M1），是位於金牛座的著名超新星殘骸，在1054年實際觀測到超新星的殘骸。

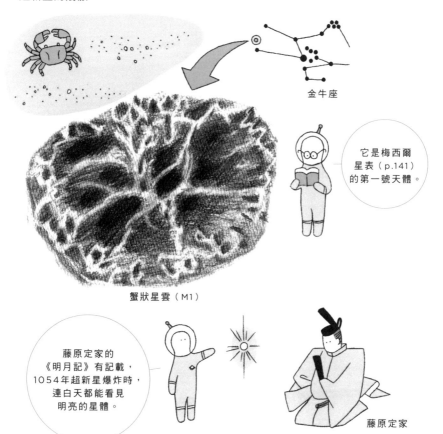

金牛座

它是梅西爾星表（p.141）的第一號天體。

蟹狀星雲（M1）

藤原定家的《明月記》有記載，1054年超新星爆炸時，連白天都能看見明亮的星體。

藤原定家

脈衝星

Pulsar

脈衝星是指，發出脈衝（周期性）光、電波的天體。來自脈衝星的光、電波周期非常精確，可作為宇宙第一精準的時鐘。脈衝星其實是高速自轉的中子星。

脈衝星

有規律
周期的
光、電波

地球

因為脈衝的周期
過於規律，
一開始還被誤以為是
外星人發出的
通訊唷。

形成脈衝星的中子星

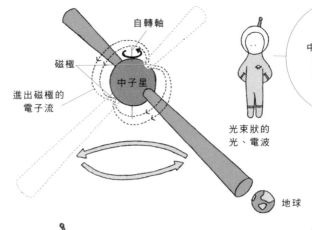

自轉軸

磁極

中子星

進出磁極的
電子流

光束狀的
光、電波

地球

當電子進出
中子星的磁極，
會從磁極發出
光束狀的強力
光、電波。

蟹狀星雲
（p.165）的
中心也有
脈衝星唷。

隨著中子星的
高速自轉，
脈衝星的光束
會如燈塔般
照亮宇宙各處。

超新星1987A

SN 1987A

超新星1987A，是1987年於銀河系旁邊的大麥哲倫雲（伴隨銀河系運行的小星系。→p.208）發生的超新星爆炸。出現肉眼也能看見的明亮超新星爆炸，距上次觀測到已相隔約400年。

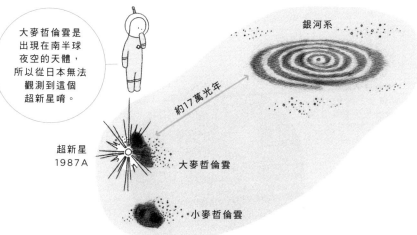

大麥哲倫雲是出現在南半球夜空的天體，所以從日本無法觀測到這個超新星唷。

銀河系

約17萬光年

超新星
1987A

大麥哲倫雲

小麥哲倫雲

觀測到超新星釋放的微中子！

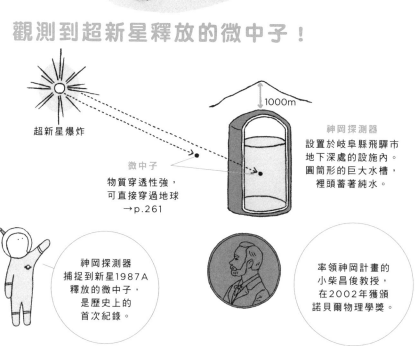

超新星爆炸

1000m

微中子
物質穿透性強，
可直接穿過地球
→p.261

神岡探測器
設置於岐阜縣飛驒市地下深處的設施內。圓筒形的巨大水槽，裡頭蓄著純水。

神岡探測器捕捉到新星1987A釋放的微中子，是歷史上的首次紀錄。

率領神岡計畫的小柴昌俊教授，在2002年獲頒諾貝爾物理學獎。

事件視界
Event horizon

當遠比太陽重（約40倍以上）的星體發生超新星爆炸，星體中心部會無限塌縮，最終形成黑洞（→p.25）。科學家稱黑洞的「表面」為事件視界。

黑洞的構造

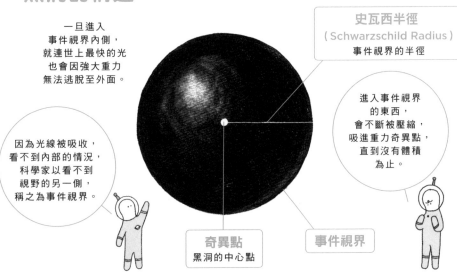

一旦進入
事件視界內側，
就連世上最快的光
也會因強大重力
無法逃脫至外面。

史瓦西半徑
（ Schwarzschild Radius ）
事件視界的半徑

進入事件視界
的東西，
會不斷被壓縮，
吸進重力奇異點，
直到沒有體積
為止。

因為光線被吸收，
看不到內部的情況，
科學家以看不到
視野的另一側，
稱之為事件視界。

奇異點
黑洞的中心點

事件視界

該怎麼把太陽變成黑洞？

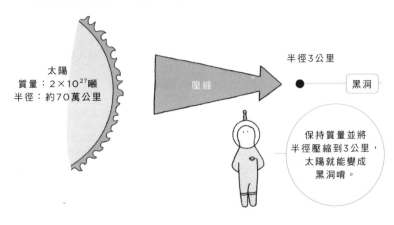

太陽
質量：$2×10^{27}$噸
半徑：約70萬公里

壓縮

半徑3公里

黑洞

保持質量並將
半徑壓縮到3公里，
太陽就能變成
黑洞唷。

天鵝座X-1星

Cygnus X-1

天鵝座X-1星，是科學家認為很有可能成為黑洞的天體。距離地球約6000光年，釋放著強力的X射線。

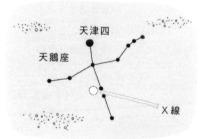

因為是在天鵝座中找到會釋放X射線的天體，所以稱為天鵝座X-1星。

天鵝座X-1星的示意圖

噴流：從吸積盤噴出的物質流

（藍巨星）九等星

黑洞

以強力重力吸積氣體

吸積盤（圓盤狀的氣體層）

X射線

明明是會吸進任何物質，連光線都不放過的黑洞，為什麼還會發出X射線呢？

那是在黑洞周圍的吸積盤裡，氣體因摩擦升溫至數百萬度，而輻射出X射線。

恆星視差

Stellar parallax

恆星視差是指，隨著地球繞太陽公轉，恆星觀測位置發生改變的現象。恆星視差也成為日心說的直接證據。

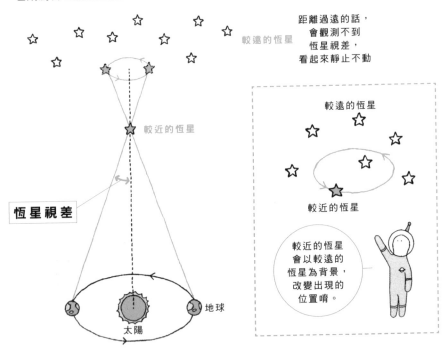

恆星視差的觀測非常困難？

愈近的恆星，恆星視差愈大。然而，就連離太陽系最近的半人馬座α星，恆星視差也僅有5000分之1度（滿月直徑2500分之1的大小），不容易觀測出來。

秒差距

Parsec

知道某恆星的恆星視差後，可推算出該恆星的距離。恆星視差1角秒（3600分之1度）的恆星距離，稱為1秒差距。1秒差距約3.26光年。

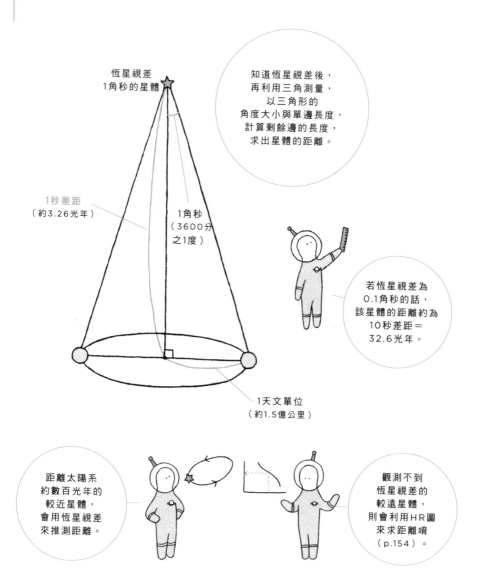

恆星視差
1角秒的星體

知道恆星視差後，
再利用三角測量，
以三角形的
角度大小與單邊長度，
計算剩餘邊的長度，
求出星體的距離。

1秒差距
（約3.26光年）

1角秒
（3600分
之1度）

若恆星視差為
0.1角秒的話，
該星體的距離約為
10秒差距＝
32.6光年。

1天文單位
（約1.5億公里）

距離太陽系
約數百光年的
較近星體，
會用恆星視差
來推測距離。

觀測不到
恆星視差的
較遠星體，
則會利用HR圖
來求距離唷
（p.154）。

變星
Variable star

變星是指，亮度會改變的星體。根據亮度改變的原因，可分為不同的類型。

食變星

聯星（p.176）的某一顆星體被另一顆星體遮住，使得亮度產生變化的星體，稱為食變星。常見的有大陵五（英仙座β星）。

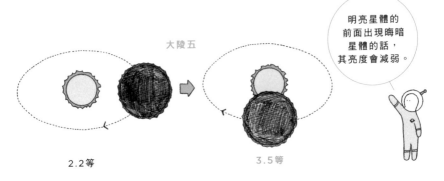

大陵五

2.2等

3.5等

明亮星體的
前面出現晦暗
星體的話，
其亮度會減弱。

爆發變星

因星體表層、大氣層的爆炸等造成亮度改變的星體，稱為爆發變星。代表星體有北冕座R星。

星體釋出含碳氣體，
氣體中的碳
冷卻後成為塵埃，
會遮住星體發出
的光芒，
使得亮度變暗。

就像
忍者的
煙霧彈。

塵埃
（碳）

北冕座R星

激變星

因新星爆炸（p.161）、超新星爆炸（p.22）等突然增亮的星體，也是變星的一種，稱為激變星。

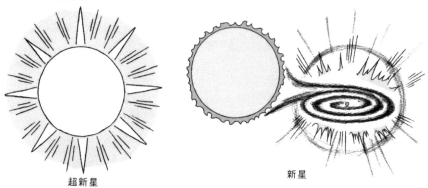

超新星

新星

脈動變星

因表層反覆周期性膨脹、收縮（稱為脈動）而亮度產生變化的星體，稱為脈動變星。根據變光周期、變光的規則性，可再細分為許多類型。亮度可從二星等變化到十星等的芻藁增二（Mira，鯨魚座 o 星），是具代表性的著名脈動變星（芻藁型變星）。

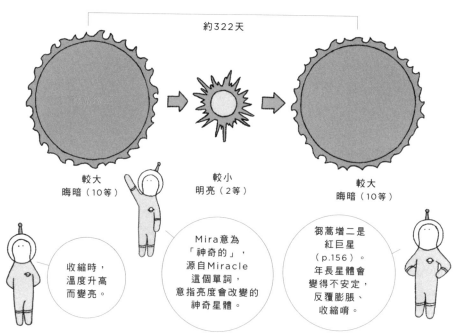

約322天

較大
晦暗（10等）

較小
明亮（2等）

較大
晦暗（10等）

收縮時，
溫度升高
而變亮。

Mira意為
「神奇的」，
源自Miracle
這個單詞，
意指亮度會改變的
神奇星體。

芻藁增二是
紅巨星
（p.156）。
年長星體會
變得不安定，
反覆膨脹、
收縮唷。

造父變星
Cepheid variable

造父變星是一種脈動變星（p.137）。造父變星的變光周期與絕對星等之間有規則性，由這樣的規則關係可推測的距離，遠至6000萬光年左右。

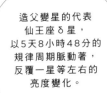

造父變星的代表
仙王座δ星，
以5天8小時48分的
規律周期脈動著，
反覆一星等左右的
亮度變化。

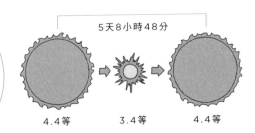

5天8小時48分

4.4等　　　3.4等　　　4.4等

周光關係

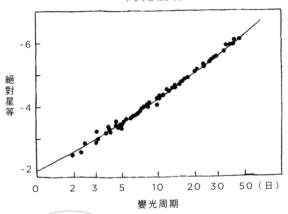

絕對星等

-6

-4

-2

0　2　3　5　10　20　30　50（日）

變光周期

造父變星具有
「變光周期愈長，
星體原本的亮度
（絕對星等）
愈亮」的特徵，
這稱為周光關係唷。

若在遙遠的星系中
發現造父變星的話，
可由變光周期
推知絕對星等！接著，
跟視星等比較之後，
能夠知道變星所在的
星系距離我們多遠。

造父變星

KIC 8462852

KIC 8462852，是探測衛星克卜勒（p.187）發現的變星。在2015年某篇論文提出，其不規則的變光是宇宙人建造的巨大建築物擋住星光所引起的，一時蔚為話題。

難道不是
星體前面通過
大量彗星
才變暗的嗎？

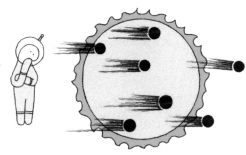

KIC 8462852

彗星、行星的通過
無法解釋減少的
亮度高達22％。
另一種說法，是
因為宇宙人做出的
戴森球
（Dyson Sphere），
才造成亮度減少。

戴森球是如卵殼
一般包覆恆星，
可捕獲恆星全部
能量的假想結構。

擁有高度
文明的宇宙人，
正在使用這樣的
裝置也說不定！

聯星

Binary star

聯星（又稱雙子星），是兩顆恆星受到彼此重力束縛，互繞公轉的天體。亮度比較亮的為**主星**，亮度比較暗的為**伴星**。

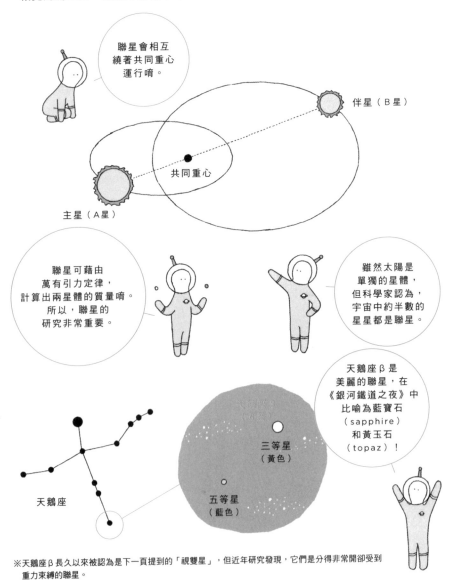

聯星會相互繞著共同重心運行唷。

伴星（B星）

共同重心

主星（A星）

聯星可藉由萬有引力定律，計算出兩星體的質量唷。所以，聯星的研究非常重要。

雖然太陽是單獨的星體，但科學家認為，宇宙中約半數的星星都是聯星。

天鵝座 β 是美麗的聯星，在《銀河鐵道之夜》中比喻為藍寶石（sapphire）和黃玉石（topaz）！

三等星（黃色）

五等星（藍色）

天鵝座

※天鵝座 β 長久以來被認為是下一頁提到的「視雙星」，但近年研究發現，它們是分得非常開卻受到重力束縛的聯星。

也有三顆星體以上構成的聯星嗎？

三顆恆星構成的聯星稱為三合星（三聯星），半人馬座 α 星（p.120）就是三合星。另外，科學家已經找到四合、五合、六合星的聯星。

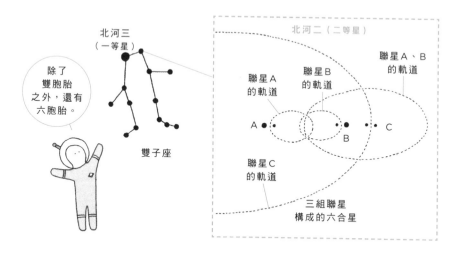

北河三（一等星）

雙子座

北河二（二等星）

除了雙胞胎之外，還有六胞胎。

聯星 A 的軌道
聯星 B 的軌道
聯星 A、B 的軌道

A
B
C

聯星 C 的軌道

三組聯星構成的六合星

雙星

Double star

雙星是指，從地球上所觀測到距離非常接近的成對星體。其中，空間上有著些微距離，互繞運行的是聯星。而從地球觀測的視方向幾乎一致，但空間上距離遙遠的成對聯星，稱為視雙星。

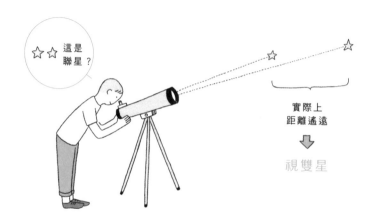

☆ ☆ 這是聯星？

實際上距離遙遠

⬇

視雙星

密近聯星
Close binary

密近聯星是指距離非常相近的聯星。因為受到強大重力作用，對彼此造成各種影響。

分離聯星

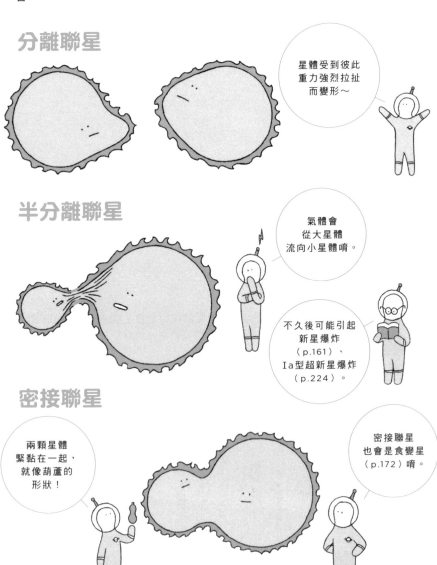

星體受到彼此重力強烈拉扯而變形～

半分離聯星

氣體會從大星體流向小星體唷。

不久後可能引起新星爆炸（p.161）、Ia型超新星爆炸（p.224）。

密接聯星

兩顆星體緊黏在一起，就像葫蘆的形狀！

密接聯星也會是食變星（p.172）唷。

發光紅新星

Luminous red nova

發光紅新星被認為是聯星相撞、合體所引發的大爆炸（也有其他說法）。其特徵為爆炸的亮度（光度）介於新星爆炸與超新星爆炸之間，而且看起來偏紅色。

麒麟座V838星

麒麟座是在2002年出現的發光紅新星，體積曾一度膨脹至太陽的3200倍。

周圍散發著漩渦狀的美麗回光（光的回波），許多人認為很像梵谷的《星月夜》唷。

2022年天鵝座將形成紅新星爆炸？

2017年，科學家推測，天鵝座中的KIC 9832227密近聯星將於2022年合體，形成發光紅新星爆炸。到時，現在為十二等星的星體將會變為二等星，明亮到可用肉眼直接觀測。

天鵝座的紅新星爆炸，或許也能看到回光。

自行運動
Proper motion

前面提到，兩恆星的相對位置不變（p.16），但這僅限於數年、數十年的情況。以更長久的時間來看的話，恆星會各自朝不同方向移動，在天球上的位置發生改變。這稱為自行運動。

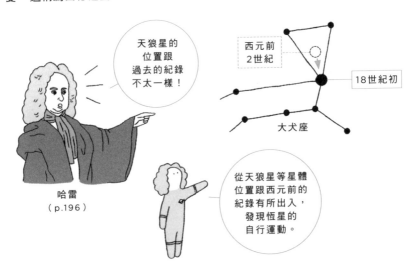

天狼星的位置跟過去的紀錄不太一樣！

哈雷
（p.196）

從天狼星等星體位置跟西元前的紀錄有所出入，發現恆星的自行運動。

西元前2世紀

18世紀初

大犬座

十萬年後，北斗七星會倒過來？

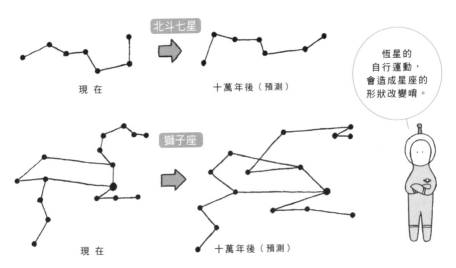

北斗七星

現 在

十萬年後（預測）

恆星的自行運動，會造成星座的形狀改變唷。

獅子座

現 在

十萬年後（預測）

光行差

Aberration of light

光行差是指，觀測天體時，光的視方向因地球運轉偏移的現象。地球公轉造成的光行差，稱為周年光行差（annual aberration）。周年光行差是地球公轉的證據。

星體發出的光

地球公轉

從地球觀測的情況

從地球觀測，天體的光像是斜向射入。

如同雨天撐傘，前進時要稍微將傘傾斜！

想要精準測量天體的位置到分（60分之1度）以下時，還得考慮到光行差。

分光

Spectroscopy

分光是指，光分出不同波長色光的現象。太陽光通過三稜鏡形成彩虹，這是三稜鏡分光太陽光的現象。

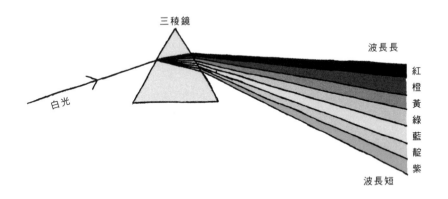

三稜鏡

波長長

紅
橙
黃
綠
藍
靛
紫

白光

波長短

光譜

Spectrum

光譜，是分光後的光依波長排列的圖譜。

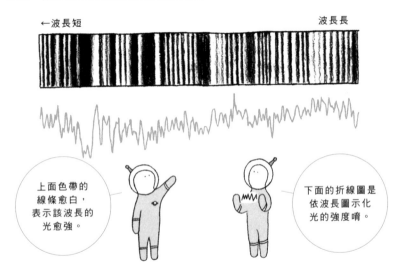

←波長短

波長長

上面色帶的線條愈白，表示該波長的光愈強。

下面的折線圖是依波長圖示化光的強度唷。

發射線／吸收線

Emission line/Absorption line

當物質（元素）溫度升高，會釋放該元素特有波長的光，形成 發射線。而當光源與觀測者間存在某元素，該元素會吸收發射線特定波長的光，僅有該波長的光無法抵達觀測者，形成 吸收線（又稱暗線）。

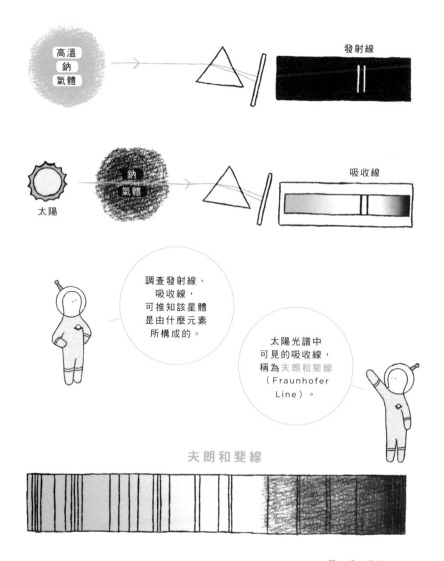

高溫
鈉
氣體

發射線

太陽

鈉
氣體

吸收線

調查發射線、
吸收線，
可推知該星體
是由什麼元素
所構成的。

太陽光譜中
可見的吸收線，
稱為 夫朗和斐線
（Fraunhofer
Line）。

夫朗和斐線

系外行星

Extrasolar planet／Exoplanet

系外行星（太陽系外行星）是位於太陽系外的行星，多用來指稱環繞非太陽恆星運轉的行星。

1995年首次發現系外行星，截至2017年7月已發現3600個以上的系外行星。

夜空中超過一半的星星，都有自己的行星唷。

系外行星不好發現？

僅反射恆星光芒的行星，亮度低於自燃恆星的1億分之1。想要在耀眼的恆星附近觀測系外行星，就像在燈塔附近尋找螢火蟲的光芒一樣，極為困難。

恆星

怎麼都找不到～

系外行星

飛馬座51b

51 Pegasi b

飛馬座51b，是第一個在主序星（p.150）附近發現的系外行星。1995年，由瑞士的天文學家們發現。

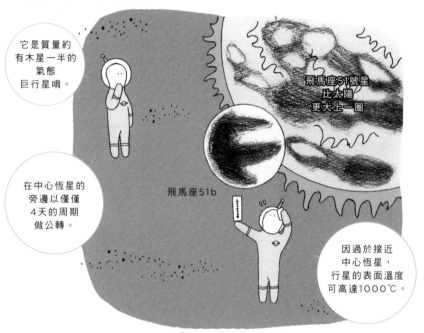

它是質量約有木星一半的氣態巨行星唷。

飛馬座51號星比太陽更大上一圈

在中心恆星的旁邊以僅僅4天的周期做公轉。

飛馬座51b

因過於接近中心恆星，行星的表面溫度可高達1000℃。

※1992年在脈衝星（p.166）的周圍首次發現系外行星。
飛馬座51b是第一個在主序星附近發現的系外行星。

系外行星該怎麼命名？

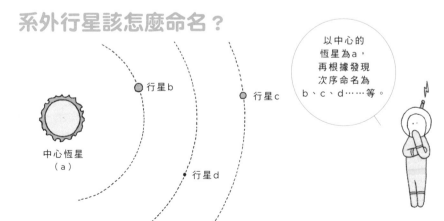

以中心的恆星為a，再根據發現次序命名為b、c、d……等。

行星b

行星c

中心恆星
（a）

行星d

都卜勒光譜法

Doppler spectroscopy

都卜勒光譜法，是一種尋找系外行星的方法。系外行星在中心恆星的周圍運行，中心恆星會受到行星的重力吸引，讓位置出現一些偏差。透過捕捉這樣「晃動」，來推測行星的存在。

凌日法

Transit method

凌日法，是當系外行星通過地球與中心恆星之間，中心恆星被行星遮住而稍微變暗的話，可藉此推測系外行星的存在。

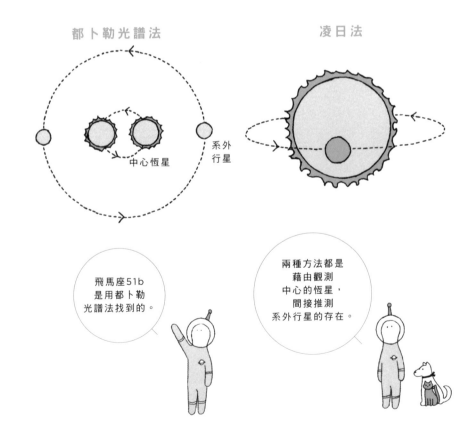

都卜勒光譜法　　　　　　　　凌日法

中心恆星

系外行星

飛馬座51b是用都卜勒光譜法找到的。

兩種方法都是藉由觀測中心的恆星，間接推測系外行星的存在。

克卜勒（探測衛星）

Kepler

克卜勒衛星，是NASA為了尋找系外行星而發射的探測衛星，利用都卜勒光譜法尋找系外行星。克卜勒衛星發現的系外行星超過2500個。

僅觀測天鵝座
一小角的範圍，
就發現這麼
多的行星。

克卜勒衛星

直接攝影法

Direct imaging

直接捕捉微弱的系外行星光芒，這樣的手法稱為直接攝影法。因為是直接取得行星的亮度、溫度、軌道、大氣等重要資訊，對系外行星的研究極有幫助。

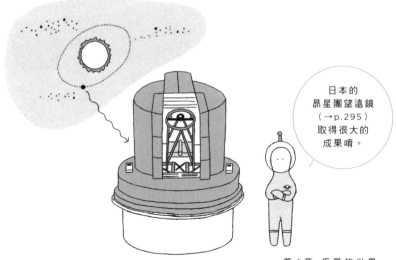

日本的
昂星團望遠鏡
（→p.295）
取得很大的
成果唷。

熱木星

Hot Jupiter

熱木星是指，在中心恆星附近運轉、體積有木星大小的系外行星。太陽系的木星在遠離太陽的地方公轉，是溫度低的氣態行星，但熱木星是灼熱的行星。

離心行星

Eccentric planet

離心行星是指，軌道如同彗星一般極端橢圓的系外行星。這是連太陽系中也不存在的「奇葩」行星。

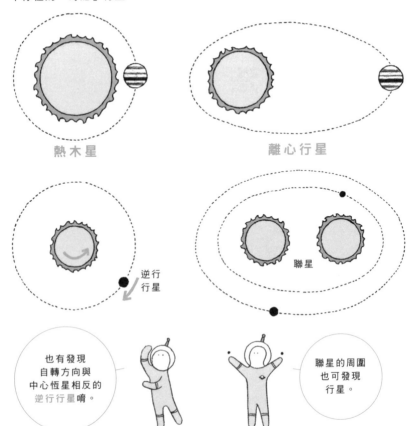

熱木星　　　　　　　　　　離心行星

逆行行星

聯星

也有發現
自轉方向與
中心恆星相反的
逆行行星唷。

聯星的周圍
也可發現
行星。

眼球行星

Eyeball planet

眼球行星，是存在於紅矮星（p.153）附近，總以同一面朝向紅矮星，使得該面非常熱、相反面非常冷的行星。比鄰星的行星（p.120）就是這種星體。

溫度高，
冰都融化

溫度低，
整個結凍

真的
好像
眼球。

※眼球行星上頭並非總是有水存在。

重力微透鏡法

Gravitaional microlensing

重力微透鏡法，是一種尋找系外行星的方法。從地球上觀測，當遙遠恆星的前面有其他恆星通過，該恆星的重力會產生如「透鏡」般的作用聚集光線，讓遙遠的恆星瞬間變亮，此現象稱為「重力微透鏡效應」。若產生透鏡作用的恆星旁邊存在其他行星，受到該行星的重力影響，原先短暫增強的亮度變暗後，又會突然再次變亮。由這此現象可推測系外行星的存在。

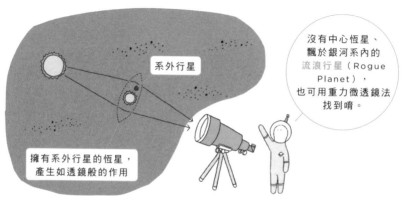

系外行星

沒有中心恆星、
飄於銀河系內的
流浪行星（Rogue
Planet），
也可用重力微透鏡法
找到唷。

擁有系外行星的恆星，
產生如透鏡般的作用

※關於「重力透鏡」的原理，請參見p.218。

適居帶
Habitable zone

適居帶（意為「適合生命居住的區域」），是在恆星周圍擁有生命所需液態水的區域。存在於這個範圍的行星，稱為適居行星。

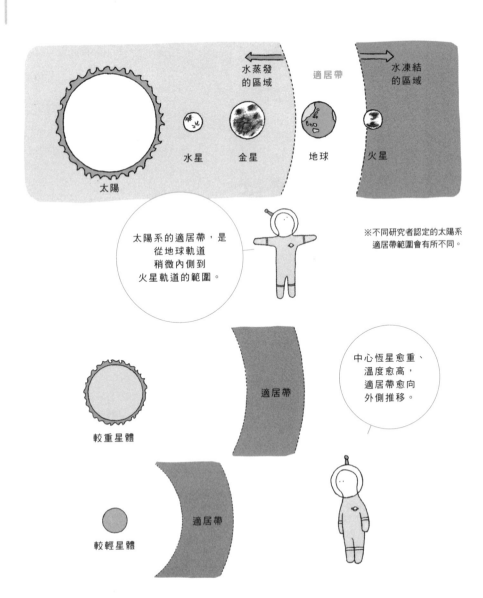

水蒸發的區域

適居帶

水凍結的區域

水星

金星

地球

火星

太陽

太陽系的適居帶，是從地球軌道稍微內側到火星軌道的範圍。

※不同研究者認定的太陽系適居帶範圍會有所不同。

較重星體

適居帶

中心恆星愈重、溫度愈高，適居帶愈向外側推移。

較輕星體

適居帶

生物指標

Biomarker

生物指標是指，用以尋找系外行星生命、生命起源的參考物質。例如，若在系外行星的大氣中發現氧氣，可推測或許存在進行光合作用的生命，所以氧氣為生物指標之一。

紅邊

Red edge

地球植物具有強烈反射紅光、紅外線的性質，此現象稱為紅邊。若能從系外行星的光發現紅邊現象的話，該行星可能像地球一樣有植物生存。紅邊現象是有力的生物指標。

天文生物學

Astrobiology

天文生物學，是一門探索未知地外生命，研究其生命起源、演化的學問。隨著近年系外行星觀測的發展，各大領域的研究者們紛紛投入這門新的學術領域，試圖解開「宇宙生命」的巨大謎題。

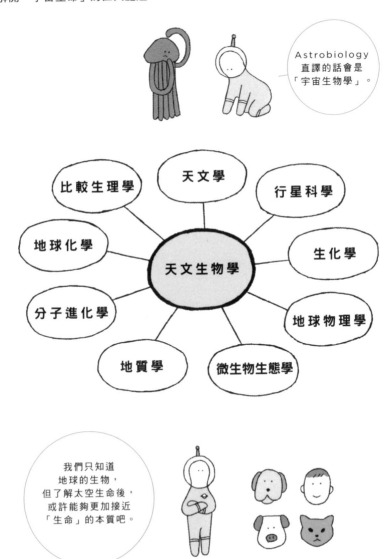

Astrobiology
直譯的話會是
「宇宙生物學」。

比較生理學　天文學　行星科學

地球化學　　天文生物學　　生化學

分子進化學　　　　　地球物理學

地質學　微生物生態學

我們只知道
地球的生物，
但了解太空生命後，
或許能夠更加接近
「生命」的本質吧。

德雷克公式

Drake equation

德雷克公式是一條方程式，用以推測銀河系中存在多少擁有電波通訊等高度文明水平的宇宙文明。由美國天文學家德雷克（Frank Drake）於1961年發表。

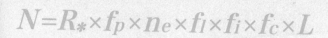

$$N = R_* \times f_p \times n_e \times f_l \times f_i \times f_c \times L$$

N：目前銀河系內擁有電波通訊技術的高度文明數量

R_*：銀河系一年間誕生的恆星數量

f_p：周圍有行星運行的恆星比例

n_e：一個行星系統中，擁有適居環境的行星比例

f_l：擁有適居環境的行星中，實際有生命誕生的比例

f_i：行星上誕生的生命，演化出高度智慧的比例

f_c：智慧生命擁有電波通訊的文明比例

L：電波可通訊的時間長短

N數也就是宇宙文明的數量嘛？

500? 1?

有人說是「500萬」、也有人說是「1」，後者認為星系內只有人類擁有高度文明。

找出方程式的答案後，我們才能成為真正的智慧生命吧。

SETI

SETI意為地球外智慧生命探索（Search for ExtraTerrestrial Intelligence），簡單講就是「尋找外星人」。具體做法為，藉由接收地球外智慧生命發出的電波等，試圖找出他們存在的跡象。

德雷克

第一次SETI時
使用的電波望遠鏡

第一次SETI，是德雷克（p.193）於1960年執行的「奧茲瑪計畫（Project Ozma）」，使用美國國家無線電天文台的綠堤電波望遠鏡，連續觀測類似太陽的恆星（距離約10光年）200小時，但沒有捕捉到宇宙文明的訊號。

Wow！訊號

Wow! signal

1977年，美國俄亥俄州立大學的大耳朵電波望遠鏡，連續觀測到謎之強力電波72秒。確認紀錄的研究員將該訊號部分圈起來，並在欄外寫上「Wow!」，因而稱為「Wow！訊號」。

那之後就沒有再捕捉到訊號，沒辦法確認訊號的真偽。

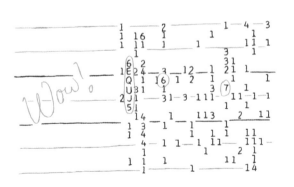

如果成功接觸的話？

如果你接收到地球外智慧生命發出的電波訊號，切勿擅自回覆，務必遵循下述的行動方針。

發現地球外智慧生命訊號的議定書（摘錄）

①訊號之發現者於公開發表前，應先自行檢測該訊號是否為真。（第1條）

②訊號之發現者於公開發表前，應先交由複數研究機構檢測訊號是否為真。（第2條）

③若斷定該訊號為真，應通知世界各地的天文學家及聯合國秘書長。（第3條）

④若該訊號為真，不得對一般大眾隱藏，應對外公開發表。（第4條）

⑤回覆與否等應交由國際協議裁定，不得擅自回覆。（第8條）

等等。

※上述行動方針為IAA（國際宇宙航行科學院）的SETI委員會於1989年議定。

對人類來說，宇宙文明探索可說是少數「就算失敗也成功」的活動之一。

薩根（Carl Sagan，與德雷克同為SETI領導人的美國天文學家）的看法

或許真有一天，我就能夠和地球人接觸。

07

牛頓

1643 - 1727

英國數學家、物理學家兼天文學家的牛頓，
發現萬有引力（重力）定律與三大運動定律
（慣性定律、加速度定律、作用力與反作用力定律）。
他所建立的牛頓力學體系，
成功從物理的角度解釋地球繞太陽運行的原因及
行星軌道為橢圓形的緣由。
在傳承至今的近代宇宙觀，
牛頓的成就功不可沒。

08

哈雷

1656 - 1742

英國天文學家哈雷跟牛頓為友人關係，
曾協助牛頓出版巨著《原理》。
他根據牛頓力學，預測到哈雷彗星（p.98）的回歸。
這是天體力學運用牛頓力學去
研究太陽系天體運動的最初成果。

第 5 章

銀河系與銀河宇宙

銀河
Milky Way

銀河，是橫跨夜空的淡色雲帶狀星群，英文為Milky Way（牛奶之道）。伽利略使用自製望遠鏡觀測銀河，發現它其實是由無數較暗的星體聚集而成。

較暗的
星星
聚集
而成！

伽利略

為什麼銀河看起來像帶狀？

銀河以帶狀環繞夜空一圈。銀河中的星體在我們的周圍散布成薄圓盤狀，太陽、地球位於該圓盤的中心，從中間望向外圍，星體會看起來像是連成一條細帶。

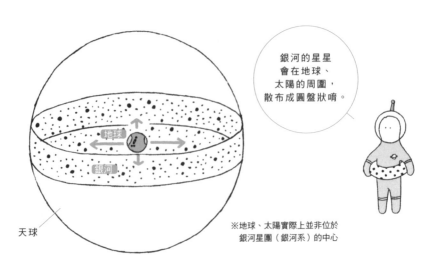

銀河的星星
會在地球、
太陽的周圍，
散布成圓盤狀唷。

天球

地球

銀河

※地球、太陽實際上並非位於
銀河星團（銀河系）的中心

銀河系
Milky Way Galaxy

銀河系（銀河星系），是我們太陽系所屬的星系（p.30）。銀河系由約1000億顆（也有約2000億顆的說法）恆星，以及總量約銀河系所屬恆星質量十多％的星際介質（p.140）構成。

漩渦中的一點一點，都是類似太陽的恆星。

「1000億顆恆星」大概長什麼樣子？

充滿25公尺長游泳池的米粒數約為130億粒！

25m

12m

1.2m

真是令人頭暈的數字耶！

1000億相當於八座25公尺長游泳池的米粒！

銀河圓盤

Disc

銀河系是約有1000億顆恆星的集團,恆星在中心形成如同凸透鏡突起的圓盤狀。除去中心的突起部分,圓盤部分稱為銀河圓盤(Disc)。我們的太陽系就位於銀河圓盤上。

核球

Bulge

銀河系中心突起的部分稱為核球。銀河圓盤是由年輕星體、作為星體材料的星際介質構成,而核球則是由年齡約100億年的年長星體組成,幾乎沒有星際介質。

側觀銀河系的樣貌(示意圖)

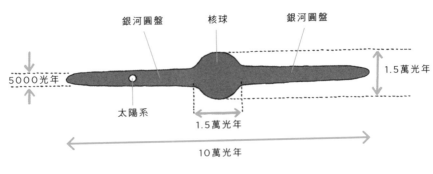

銀河圓盤　核球　銀河圓盤

5000光年

1.5萬光年

太陽系

1.5萬光年

10萬光年

太陽系位於距銀河系中心約2萬6100光年的位置。

旋臂
Spiral arm

俯視銀河系的銀河圓盤，可觀測到形成旋渦狀的旋臂。銀河系擁有四個大旋臂，太陽系位於其他小旋臂之一的獵戶臂內。

俯視銀河系的樣貌（示意圖）

旋臂

太陽系
獵戶臂

太陽系會
在銀河系中
朝箭頭方向，
以秒速約240公里
旋轉唷。

太陽系約花費
2億年的時間，
才在銀河系中
繞完一～圈。

人馬座A*

Sagittarius A*

人馬座A＊，是位於人馬座（又稱射手座）的點狀天體，觀測不到可見光，但會釋放強力電波。該處為銀河系的中心，其真面目可能是超大質量黑洞（p.203）。

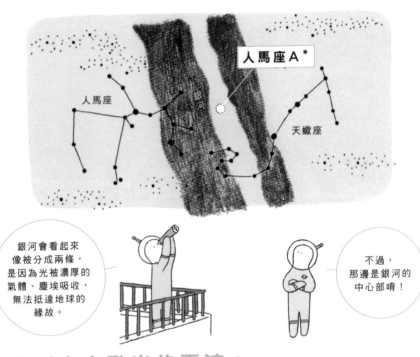

銀河會看起來像被分成兩條，是因為光被濃厚的氣體、塵埃吸收，無法抵達地球的緣故。

不過，那邊是銀河的中心部唷！

收到宇宙發出的電波！

1931年，美國無線電工程師央斯基（Karl Jansky）在調查雷電產生的電波時，意外發現來自銀河系人馬座方向的電波。這被認為是觀測宇宙電波的電波天文學的開端。

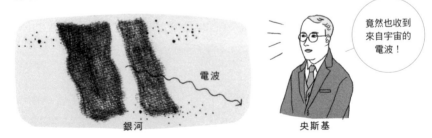

竟然也收到來自宇宙的電波！

超大質量黑洞
Supermassive black hole

超大質量黑洞是指，質量有太陽10萬至100億倍的黑洞。科學家認為，銀河系等多數星系的中心部都存在著黑洞。

銀河系中心部的超大質量黑洞

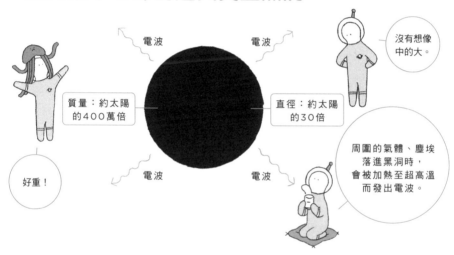

電波　　　　　　　　電波

質量：約太陽
的400萬倍

直徑：約太陽
的30倍

沒有想像
中的大。

好重！

電波　　　　　　　　電波

周圍的氣體、塵埃
落進黑洞時，
會被加熱至超高溫
而發出電波。

超大質量黑洞是怎麼形成的？

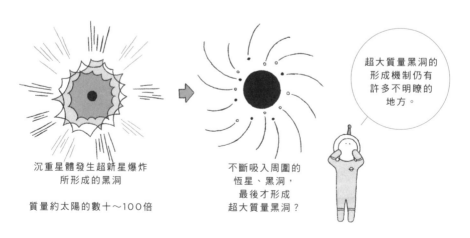

沉重星體發生超新星爆炸
所形成的黑洞

質量約太陽的數十～100倍

不斷吸入周圍的
恆星、黑洞，
最後才形成
超大質量黑洞？

超大質量黑洞的
形成機制仍有
許多不明瞭的
地方。

球狀星團
Globular cluster

球狀星團，是由數萬至數百萬顆恆星集結成球狀的星團（p.27），裡頭聚集了誕生超過100億年的超古老星體。

在球狀星團的
中心部，
一光年的範圍內
密集群聚了數百顆
星體。

球狀星團與疏散星團差在哪裡？

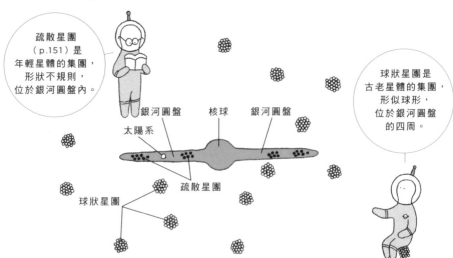

疏散星團
（p.151）是
年輕星體的集團，
形狀不規則，
位於銀河圓盤內。

球狀星團是
古老星體的集團，
形似球形，
位於銀河圓盤
的四周。

銀河圓盤　核球　銀河圓盤

太陽系

疏散星團

球狀星團

銀暈

Halo

銀暈，是指大範圍涵蓋銀河圓盤與核球在內的寬廣球殼狀領域。雖然大小不固定，但通常假設銀河圓盤向外延長10倍。

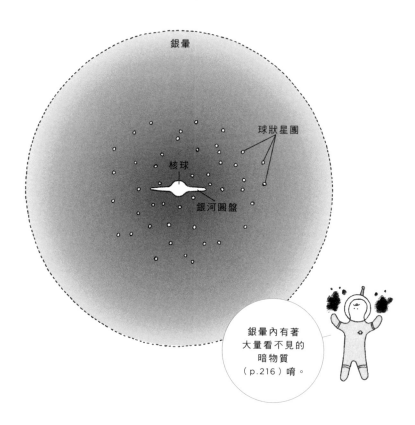

銀暈

球狀星團

核球

銀河圓盤

銀暈內有著大量看不見的暗物質（p.216）唷。

星族

Stellar population

星族是一種恆星的分類法。星族I的恆星為年輕星體，內部富含比氫、氦重的元素（碳、氧等），大多出現在銀河圓盤中；星族II的恆星為古老星體，內部幾乎不含比氦重的元素，大多出現在核球、球狀星團中；星族III為假想的星族，是宇宙形成初期的第一代大質量恆星。

螺旋星系

Spiral galaxy

螺旋星系，是有著旋渦狀（旋臂）銀河圓盤的星系。旋臂內有許多星族I的恆星（p.205）與星際介質，是新的星體誕生的場所。

中心部呈現棒狀結構的星系，另外稱為**棒旋星系**。銀河系屬於棒旋星系。

在普通亮度的星系中，這是最常見的星系。

橢圓星系

Elliptical galaxy

橢圓星系，是外觀為圓形、橢圓形的星系。裡頭有著許多年老星體，但幾乎沒有星際介質，不會誕生新的星體。在橢圓星系中，星體的移動方向隨機不固定。

也有聚集1兆顆星體的巨大橢圓星系。

※一部分的橢圓星系內可發現年輕星團，現在仍繼續生成星體。

透鏡狀星系

Lenticular galaxy

透鏡狀星系形似螺旋星系，有著銀河圓盤與核球，但圓盤沒有旋渦模樣（旋臂）。另外，古老星體多、星際介質少這點跟橢圓星系相似。

像是介於
螺旋星系和
橢圓星系
之間的星系。

不規則星系

Irregular galaxy

不規則星系如同其名，是沒有明確構造、形狀不規則的星系。雖然星系體積小，但擁有非常多的星際介質，經常誕生新的星體。

矮星系

Dwarf galaxy

矮星系，是由不到數十億顆恆星所構成的極小暗星系。有著圓形、不規則等各式各樣的形狀，數量上比普通亮度的星系（螺旋星系、橢圓星系等）還來得多。

大麥哲倫雲

Large Magellanic Cloud

大麥哲倫雲，是出現在南半球夜空的不規則星系（p.207）。它是最接近銀河系的星系（距離太陽系約16萬光年），大小約為銀河系的4分之1。

小麥哲倫雲

Small Magellanic Cloud

小麥哲倫雲，也是出現在南半球的不規則星系。距離太陽系約20萬光年，大小約為銀河系的6分之1，與大麥哲倫雲同樣繞著銀河系運轉，被歸類為「伴隨的星系」（伴星系）。

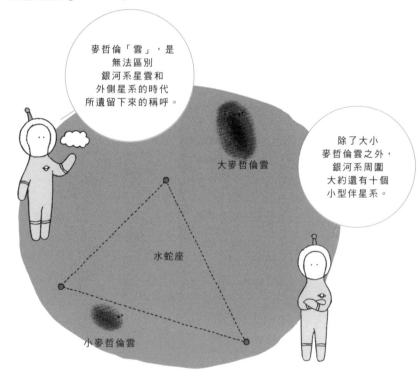

麥哲倫「雲」，是無法區別銀河系星雲和外側星系的時代所遺留下來的稱呼。

大麥哲倫雲

除了大小麥哲倫雲之外，銀河系周圍大約還有十個小型伴星系。

水蛇座

小麥哲倫雲

※近年的研究出現另一種說法，大小麥哲倫雲並非受到銀河系引力束縛的伴星系，可能只是剛好出現在附近，總有一天會離銀河系而去。

仙女座星系
Andromeda Galaxy

仙女座星系（M31）是位於仙女座，看起來有月亮直徑6倍大的巨大螺旋星系。距離太陽系約230萬光年，推測擁有銀河系的2倍直徑與2倍星體。

舊稱為「仙女座大星雲」，現在也有人沿用這個稱呼。

能用肉眼看見的星系，就只有大小麥哲倫雲和仙女座星系而已！

仙女座星系是合體後的星系？

在仙女座星系的中心部，發現了兩個超大質量黑洞（p.203）。科學家據此推測，仙女座星系可能是兩個星系合體而成的巨大星系。

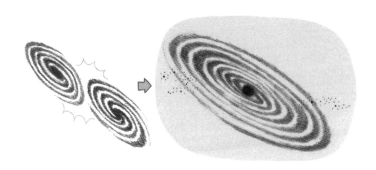

本星系群
Local Group

本星系群是銀河系所屬的星系群（p.31），擁有銀河系、仙女座星系、三角座星系（M33）三大星系，以及各自的伴星系、矮星系等，數百萬光年的範圍內約有50個星系，但科學家認為還有許多尚未發現的矮星系。

本星系群（具代表性的星系）

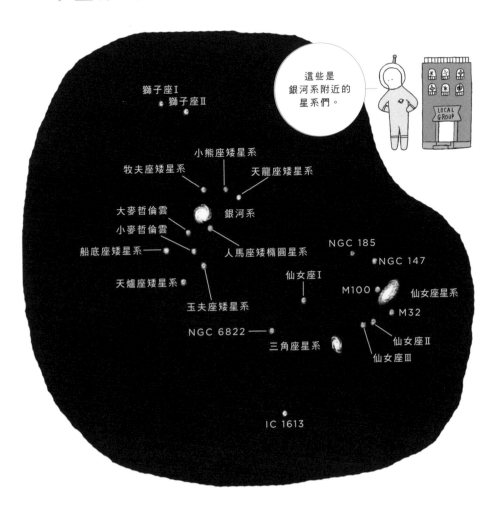

這些是銀河系附近的星系們。

LOCAL GROUP

獅子座 I
獅子座 II
小熊座矮星系
牧夫座矮星系
天龍座矮星系
大麥哲倫雲
銀河系
小麥哲倫雲
船底座矮星系
人馬座矮橢圓星系
NGC 185
NGC 147
天爐座矮星系
仙女座 I
M100
仙女座星系
玉夫座矮星系
M32
NGC 6822
仙女座 II
三角座星系
仙女座 III
IC 1613

銀河仙女

Milkomeda

銀河系與仙女座星系受到彼此的重力吸引，約以秒速300公里接近，且接近的速度逐漸增快，科學家預測40億年後將發生碰撞，最後合為一個巨大的橢圓星系「銀河仙女」。

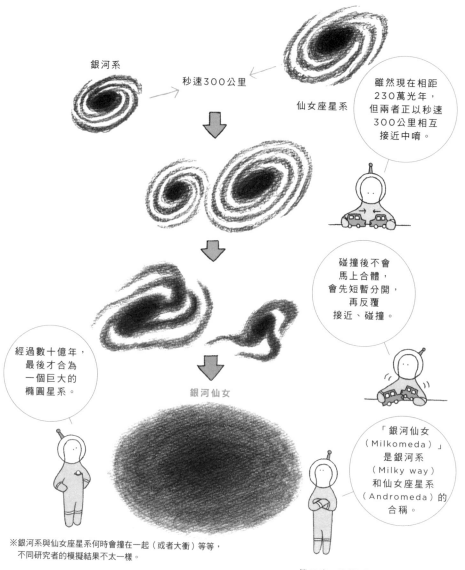

銀河系

秒速300公里

仙女座星系

雖然現在相距230萬光年，但兩者正以秒速300公里相互接近中唷。

碰撞後不會馬上合體，會先短暫分開，再反覆接近、碰撞。

經過數十億年，最後才合為一個巨大的橢圓星系。

銀河仙女

「銀河仙女（Milkomeda）」是銀河系（Milky way）和仙女座星系（Andromeda）的合稱。

※銀河系與仙女座星系何時會撞在一起（或者大衝）等等，
　不同研究者的模擬結果不太一樣。

觸鬚星系

Antennae Galaxies

觸鬚星系（又稱天線星系）是位於烏鴉座的一對星系。兩星系（NGC4038與NGC4039）於數億年前相撞擦身而過，從星系撞出來的星體形成兩條形似長觸鬚的構造。

車輪星系

Catwheel Galaxy

車輪星系是位於玉夫座的透鏡狀星系（p.207），約於2億年前穿過其他小星系中心附近，推測可能是當時的衝擊，造就新的星體大量誕生。

星系經常發生衝撞？

標準的星系大小約為10光年，星系團（p.31）中兩星系僅隔數百光年，兩星系發生衝撞並不稀奇。而星系內兩恆星的平均距離，約為恆星直徑的1000萬倍，即便兩星系發生衝撞，星系中的兩恆星整個撞在一起的可能性非常得低。

> 即便兩星系
> 發生衝撞，
> 星系中的恆星
> 也只是
> 插肩而過。

星爆

Starburst

當兩星系發生衝撞、大衝時，星系中的星際介質因撞擊被壓縮，密度急遽增加，短時間大量誕生質量超過太陽10倍的恆星。此現象稱為星爆。

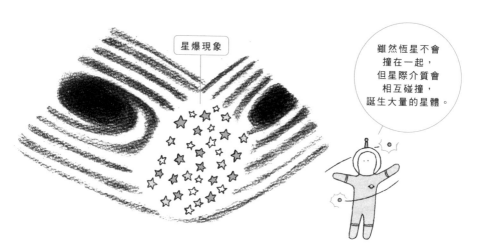

星爆現象

> 雖然恆星不會
> 撞在一起，
> 但星際介質會
> 相互碰撞，
> 誕生大量的星體。

室女座星系團

Virgo Cluster

室女座星系團，是最接近本星系群（距離太陽系約5900萬光年）的星系團（p.31）。在1200萬光年左右的空間中，聚集了約2000個星系。

室女座星系團的星系們（一部分）

每個星系由1000億顆以上的星體構成。

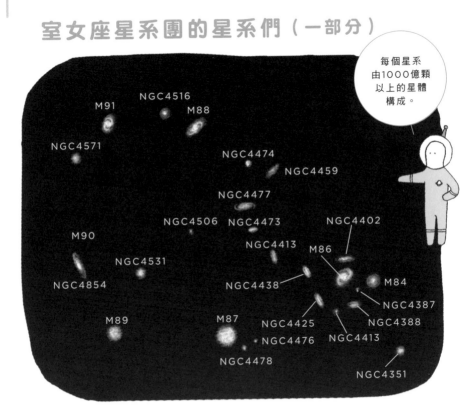

M87

M87，是坐鎮室女座星系團中心的巨大橢圓星系，質量有銀河系的3倍，中心部存在約太陽60倍重的超大質量黑洞。該星系原本設定為「超能力霸王」的故鄉（p.145）。

為什麼星系團會發出X射線？

使用觀測X射線的人造衛星觀看星系團，可捕捉到星系團發出的強力X射線。星系團內有著大量高達數千萬度的離子氣體，這些高溫離子氣體會輻射出X射線。

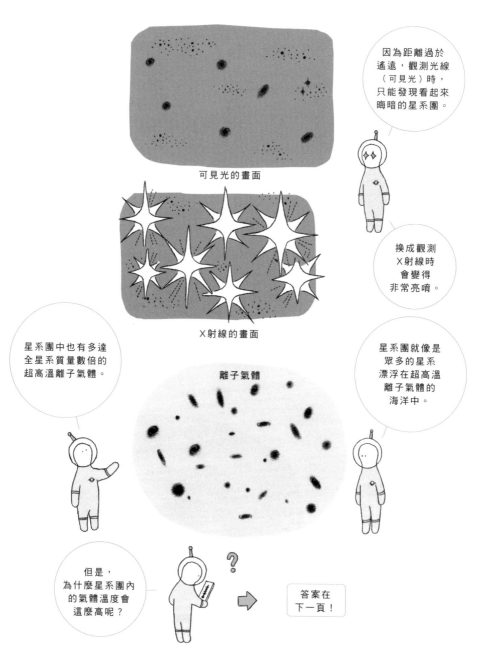

可見光的畫面

因為距離過於遙遠，觀測光線（可見光）時，只能發現看起來晦暗的星系團。

換成觀測X射線時會變得非常亮唷。

X射線的畫面

星系團中也有多達全星系質量數倍的超高溫離子氣體。

離子氣體

星系團就像是眾多的星系漂浮在超高溫離子氣體的海洋中。

但是，為什麼星系團內的氣體溫度會這麼高呢？

答案在下一頁！

暗物質
Dark matter

暗物質是眼睛看不見（不發出、吸收光等電磁波），對周圍產生重力的不明物質。在星系團的內部、星系的周圍，推測潛藏著可見物質10倍～100倍重的暗物質。

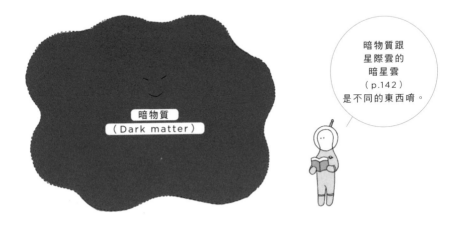

暗物質跟
星際雲的
暗星雲
（p.142）
是不同的東西唷。

星系團內有大量的暗物質？

觀測星系團內各星系的運動會發現，它們朝著不同方向劇烈移動，但絕不會飛出星系團的範圍外。科學家推測這與星系團內有大量暗物質有關，其強大重力將星系束縛於星系團內。受到暗物質的重力壓縮，星系團內的氣體呈現超高溫。

暗物質的
強大重力
將劇烈運動的
星系束縛在
星系團內。

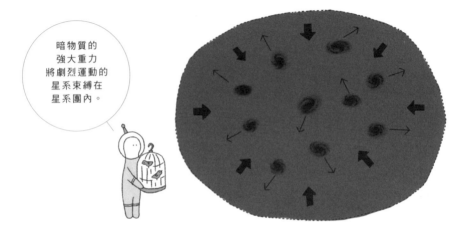

銀河系被暗物質包圍？

在銀河系中，恆星、氣體會在星系內運行。一般來說，愈往銀河系的外側，運行速率愈慢，但外側存在運行快速的恆星、氣體。不過，銀河系的周圍被暗物質所包圍，運行快速的恆星、氣體受到重力束縛，不會飛出星系之外。

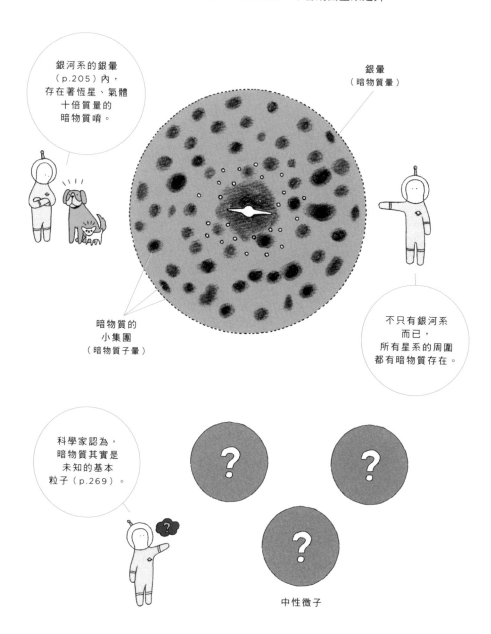

銀河系的銀暈
（p.205）內，
存在著恆星、氣體
十倍質量的
暗物質唷。

銀暈
（暗物質暈）

暗物質的
小集團
（暗物質子暈）

不只有銀河系
而已，
所有星系的周圍
都有暗物質存在。

科學家認為，
暗物質其實是
未知的基本
粒子（p.269）。

?

?

?

中性微子

重力透鏡
Gravitational lens

重力透鏡，是遠方天體發出的光受到鄰近天體的重力彎折，結果從地球上觀測到較大的遠方天體或者複數成像的現象。愛因斯坦於1936年在論文中提及重力透鏡效應，該現象於1979年實際被觀測到。

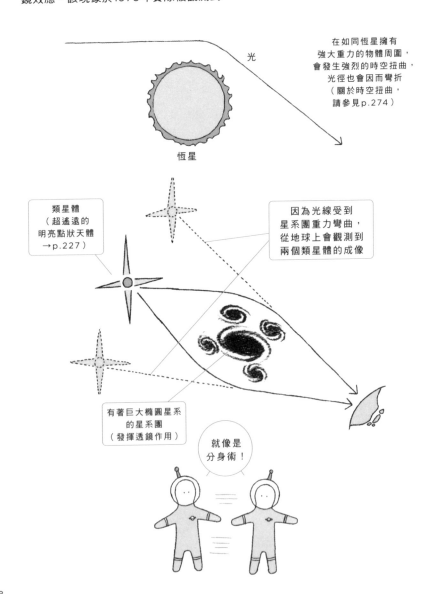

在如同恆星擁有
強大重力的物體周圍，
會發生強烈的時空扭曲，
光徑也會因而彎折
（關於時空扭曲，
請參見p.274）

光

恆星

類星體
（超遙遠的
明亮點狀天體
→p.227）

因為光線受到
星系團重力彎曲，
從地球上會觀測到
兩個類星體的成像

有著巨大橢圓星系
的星系團
（發揮透鏡作用）

就像是
分身術！

各種重力透鏡效應

地球、光源天體
與透鏡天體排成
一直線時觀測到的現象
「愛因斯坦環」

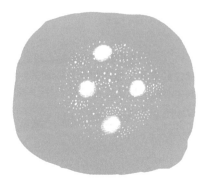

因透鏡天體的重力影響
而看到四個成像
「愛因斯坦十字架」

從地球上觀測，因前方星系團的重力影響，
其背後的多數星系歪曲成弧狀（arc）

可由重力透鏡效應推測暗物質的分布？

因為暗物質也會產生重力，其背後星系發出的光會因重力透鏡效應，造成從地球上觀測到的星系成像些微歪曲，產生「弱重力透鏡效應」。藉由彙整多數星系成像的變形程度，能夠推測暗物質的空間分布。

超星系團

Supercluster

超星系團，是由數量超過數十個以上、距離超過一億光年的星系團與星系群所構成的集團。我們銀河系所處的本星系群，隸屬於以室女座星系團（p.214）為中心的室女座超星系團（又稱本超星系團）。

室女座超星系團

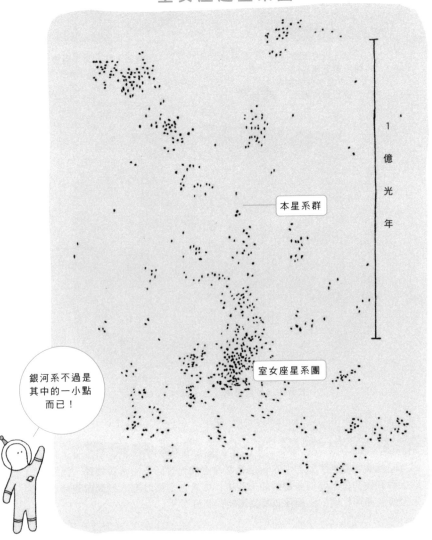

1億光年

本星系群

室女座星系團

銀河系不過是其中的一小點而已！

拉尼亞凱亞超星系團

Laniakea Supercluster

室女座超星系團，是新發現的極巨大拉尼亞凱亞超星系團的一部分。此假說由夏威夷大學的研究團隊於2014年提出。

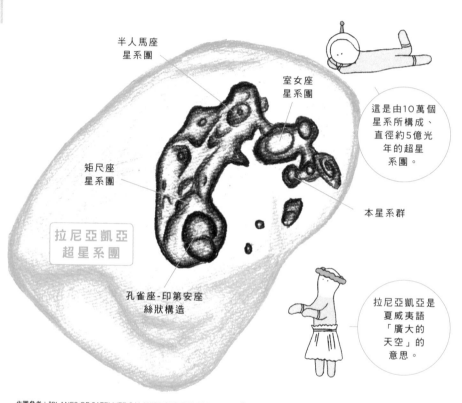

半人馬座
星系團

室女座
星系團

矩尺座
星系團

拉尼亞凱亞
超星系團

孔雀座-印第安座
絲狀構造

這是由10萬個
星系所構成、
直徑約5億光
年的超星
系團。

本星系群

拉尼亞凱亞是
夏威夷語
「廣大的
天空」的
意思。

作圖參考："PLANES OF SATELLITE GALAXIES AND THE COSMIC WEB," BY NOAM I. LIBESKIND ET AL., IN MONTHLY NOTICES OF THE ROYAL ASTRONOMICAL SOCIETY, VOL. 452, NO. 1; SEPTEMBER 1, 2015 (inset slab); DANIEL POMARÈDE, HÉLÈNE M. COURTOIS, YEHUDA HOFFMAN AND BRENT TULLY (data for Laniakea illustration)

宇宙空洞

Void

宇宙中存在名為超星系團的星系密集區域，同時也有範圍橫跨數億光年卻幾乎沒有星系的區域。這樣的區域稱為宇宙空洞。

宇宙大尺度結構

Large-scale structure of the cosmos

宇宙大尺度結構是指，星系在太空中網狀分布的構造。網線部分為星系集結而成的星系團、超星系團；網格部分為不存在星系的宇宙空洞（p.221）。

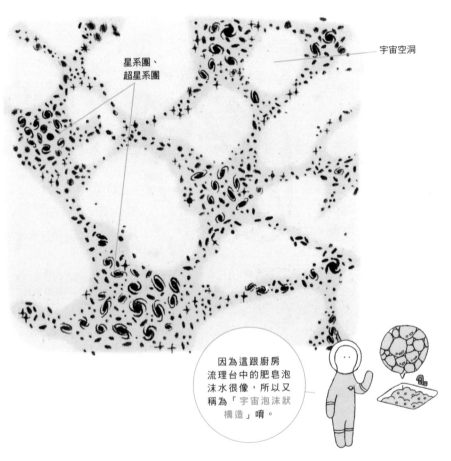

宇宙空洞

星系團、
超星系團

因為這跟廚房流理台中的肥皂泡沫水很像，所以又稱為「宇宙泡沫狀構造」唷。

宇宙大尺度構造是由暗物質所構成？

追溯宇宙的歷史，科學家推測最初是暗物質因重力集結成「構造的核種」，接著再聚集普通的物質（製作星體、星系的物質）產生星體、星系，最後才形成宇宙大尺度構造。換句話說，形成宇宙大尺度構造的，是肉眼無法觀測的暗物質。

宇宙長城

The Great Wall

宇宙長城，是在距離地球約2億光年的位置，由龐大數量的星系集結成長度超過6億光年的「牆」狀構造。這是目前所知最大的宇宙構造之一。

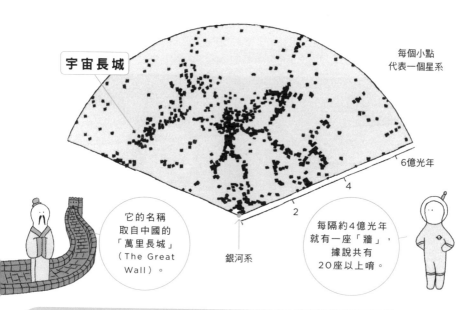

宇宙長城

每個小點
代表一個星系

6億光年

4

2

銀河系

它的名稱
取自中國的
「萬里長城」
（The Great
Wall）。

每隔約4億光年
就有一座「牆」，
據說共有
20座以上唷。

史隆數位巡天

Sloan Digital Sky Survey

史隆數位巡天（SDSS），是以製作4分之1全天範圍星系地圖為目標的日美德協同計畫。使用設置於美國新墨西哥州的專用望遠鏡，已經檢測出超過1億個星系，正著手製作三維的星系分布圖。

宇宙地圖
正一步一步
製作中。

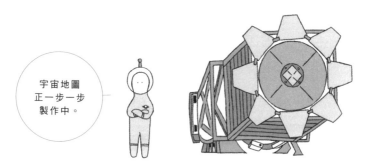

Ia型超新星

Type Ia supernova

Ia型超新星是超新星爆炸（p.22）的一種，由白矮星（p.159）發生劇烈爆炸所產生的現象。

Ia型超新星的形成機制

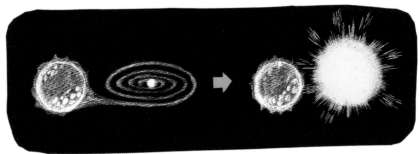

白矮星從鄰近星體
吸積氣體

白矮星中心部溫度升高，
發生劇烈的核融合，
引起超新星爆炸。

※超新星的類型還有Ib型、Ic型、II型，
分別顯現不同的光譜（p.182）。

Ia型超新星可作為「距離的比較標準」？

Ia型超新星已證實「峰值亮度（絕對星等）不變」，峰值亮度看起來愈暗，則距離愈遙遠，可用來推測出現Ia型超新星爆炸的星系距離。

測量數十億
光年遠的星系，
會利用Ia型
超新星唷。

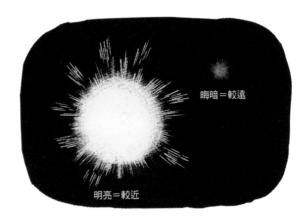

晦暗＝較遠

明亮＝較近

塔利-費舍爾關係
Tully-Fisher relation

塔利-費舍爾關係，是「螺旋星系的絕對亮度與旋轉速率的四次方成正比」的關係法則。利用此項關係，可推測遠方螺旋星系的距離。

旋轉速率

由螺旋星系的旋轉速度找出絕對亮度後，再跟視亮度比較來推測距離。

跟Ia型超新星相同，可用來推測數十億光年遠的星系距離。

「宇宙距離尺度」是什麼？

從恆星視差（p.170）、HR圖（p.154）、造父變星（p.174）、Ia型超新星到塔利-費舍爾關係，利用各種方法來推測較近天體到較遠天體的距離，這些方法統稱為「宇宙距離尺度」。

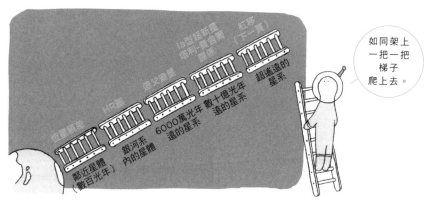

Ia型超新星
塔利-費舍爾關係
紅移（下一頁）

造父變星

HR圖

恆星視差

鄰近星體
（數百光年）

銀河系內的星體

6000萬光年遠的星系

數十億光年遠的星系

超遙遠的星系

如同架上一把一把梯子爬上去。

紅移

Redshift

紅移是指，因天體遠離地球導致光波長增加的現象。以太陽主要發出的黃光為中心，紅光的波長比黃光長，光波長增加的譜線會向紅端推移，所以稱為紅移現像。

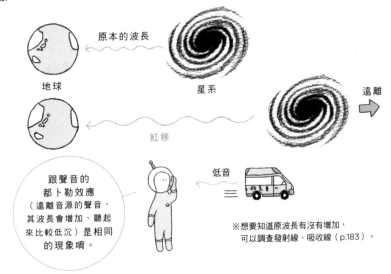

原本的波長

地球　　　　　　　　星系　　　　　　　　　　遠離

紅移

跟聲音的都卜勒效應（遠離音源的聲音，其波長會增加、聽起來比較低沉）是相同的現象唷。

低音

※想要知道原波長有沒有增加，可以調查發射線、吸收線（p.183）。

利用紅移現象推測超遙遠星系的距離

由於宇宙正在膨脹（p.232），愈遠的星系會以愈快的速率遠離地球，所以可由星系的遠離速率推測其距離。當星系以愈快的速率遠離，觀測到的光波長增加愈多，從星系光的紅移程度，可推知星系的距離。

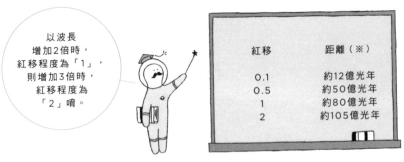

以波長增加2倍時，紅移程度為「1」，則增加3倍時，紅移程度為「2」唷。

紅移	距離（※）
0.1	約12億光年
0.5	約50億光年
1	約80億光年
2	約105億光年

※超過10億光年的「宇宙論距離」，其定義方法有「亮度距離」、「同移距離」等等，但即便是紅移值相同的星體，不同方法測出的距離值可能有所不同。因此，通常不會換算成距離（光年），而是直接以紅移值、紅移值對應的宇宙年齡來描述。這邊的距離值僅供參考。

類星體
Quasar

類星體，是距離超過數十億光年，卻如同恆星般發出強烈光、電波的「點」狀天體。類星體在日本又稱為「準恆星狀天體」，其英文Quasar是「準恆星狀（quasi-stellar）」的略寫。

類星體

紅移 大

在離數十億光年遠的彼方，一顆恆星的光竟然能夠抵達地球，真是難以想像。

從紅移值大可知距離非常遙遠。

地球

類星體的真面目是？

科學家認為，類星體其實是位於超遙遠年輕星系的中心部（又稱**活躍星系核**）。該星系的中心部有著超巨大黑洞，從它的周圍發出強烈的光、電波。

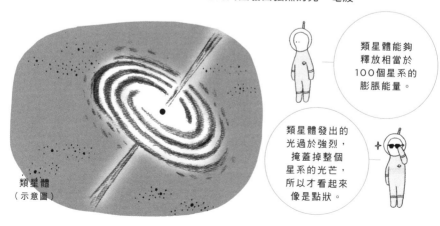

類星體
（示意圖）

類星體能夠釋放相當於100個星系的膨脹能量。

類星體發出的光過於強烈，掩蓋掉整個星系的光芒，所以才看起來像是點狀。

09

赫雪爾

1738 - 1822

德裔英國天文學家赫雪爾（Frederick Herschel），
在作曲、演奏風琴上有著傑出的表現，
後來逐漸投入天文觀測的興趣。
除了發現天王星（p.96）這個新行星之外，
詳細調查星體分布後，
成功描繪出包圍太陽系的
星體大集團──銀河系（p.199）的樣貌。
另外，發現紅外線（p.284）的也是赫雪爾。

10

愛因斯坦

1879 - 1955

德裔物理學家愛因斯坦，
年紀輕輕就在26歲發表狹義相對論（p.272），
顛覆了物理學界的常識。
後來，他花費10年的歲月研究新的重力理論，
成功完成廣義相對論（p.274）。
由霹靂說（p.236）、重力波（p.288）、
重力透鏡（p.218）都是基於廣義相對論發展而來，
可窺見愛因斯坦完成的偉業。

第 **6** 章

宇宙的歷史

宇宙論

Cosmology

宇宙論是天文學的一個範疇，研究宇宙整體的構造、運動，以及宇宙的歷史、起源。「宇宙有沒有盡頭？」「宇宙有起源和終結嗎？」等等，處理宇宙整體問題的就是宇宙論。

基督教的
「上帝創造天地」

古事記的
「國誕生神話」

印度教的
「創世之鼓」

將宗教、神話中
描述的宇宙
（這個世界）誕生，
用科學的角度解釋的
就是現代宇宙論唷。

奧伯斯悖論
Olbers' paradox

奧伯斯悖論是指，19世紀德國天文學家奧伯斯（Heinrich Olbers）提出的悖論（佯謬）。奧伯斯主張：「若夜空中的星星跟太陽一樣明亮，且均等分布於浩瀚無垠的宇宙中，那麼夜空應會填滿無數的星星，跟白天一樣明亮才對。」

若夜空中充滿無數的星星，夜晚也應該明亮才對，這不是很奇怪嗎？

奧伯斯

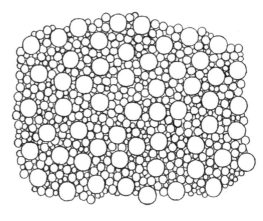

※星體的視亮度與距離的平方成反比，若宇宙中的星體為均等分布的話，星體數量會與距離的三次方成正比，即便遙遠星體看起來比較晦暗，理論上數量應多到讓總光量不減反增。

悖論的合理解釋是？

如同下一頁的詳細說明，我們所處的宇宙正在膨脹。這樣的話，宇宙過去應比現在更小，曾經有過「起源」的階段。從宇宙誕生到現在只經過有限的時間，我們僅能觀測到鄰近的星體（遙遠的星光尚未抵達地球），所以夜空才顯得黑暗。再加上宇宙膨脹造成紅移現象（p.226），遙遠星光（可見光）的波長增加至人眼看不見的紅外線區域，所以夜空看起來晦暗。

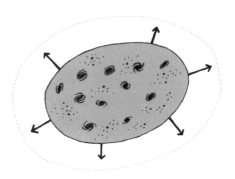

宇宙膨脹

Expanding universe

宇宙膨脹是指，我們的宇宙正在膨脹擴大的現象。宇宙不是僅有「末端」向外延伸，而是整個宇宙（＝我們所處的整個空間）像氣球一樣膨大起來。

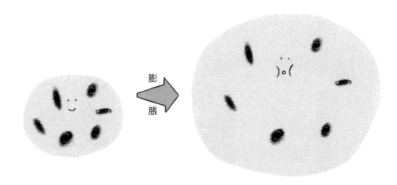

膨脹

宇宙膨脹後，太陽會遠離地球？

地球受到太陽重力的強烈束縛，地球與太陽間的距離不會因宇宙膨脹而變化。銀河系內的星體也因重力相互吸引，不受宇宙膨脹的影響。與此相對，遙遠的星系與星系，會因宇宙膨脹而分得愈來愈開。

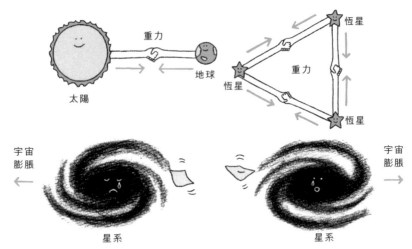

重力

地球

太陽

恆星

重力

恆星

恆星

宇宙膨脹

宇宙膨脹

星系

星系

※同一星系團（p.31）內的兩星系，彼此重力產生的吸引力比較強，但不同星系團的星系，會因宇宙膨脹逐漸分開。

愛因斯坦靜態宇宙模型

Einstein's static universe

愛因斯坦靜態宇宙模型是指，愛因斯坦（p.228）於1917年發表的宇宙模型。他主張，宇宙中的星系、星系團等會因重力而收縮，但同時存在不明的推斥力相互抵銷，使得宇宙得以保持相同的大小（靜止）。

愛因斯坦

我們來用廣義相對論討論，整個宇宙長什麼樣子吧。

※廣義相對論請參見p.274

星系、星系團等的重力會使整個宇宙收縮而壓垮，但實際上沒有發生！

若假定宇宙空間本身存在不明的推斥力，宇宙就不會被壓垮了！

※在愛因斯坦那個時代（20世紀初），不認為宇宙會膨脹收縮，而是永遠保持同樣的大小。

哈伯定律
Hubble's law

哈伯定律是指，美國天文學家哈伯（p.254）發現的定律——「星系的遠離速率與星系的距離成正比」。此定律的發現確立了宇宙正在膨脹的說法。

快

星系的遠離速率

慢

近　　星系的距離　　遠

離地球愈遠的星系，會以愈快的速率遠離。

哈伯

為什麼哈伯定律能夠證明宇宙膨脹？

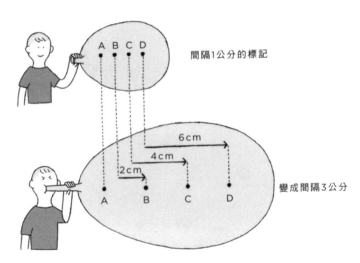

間隔1公分的標記

6cm
4cm
2cm

變成間隔3公分

吹膨氣球後，不管觀察哪個標記，離自己愈遠的標記離得愈遠（愈快）。同樣的道理，愈遠的星系會以愈快的速率遠離，由此可知星系所處的整個宇宙，如同氣球一般正在膨脹。

愛因斯坦弄錯了嗎？

愛因斯坦得知哈伯定律後，認同宇宙正在膨脹的說法，收回宇宙大小不變的觀點。不過，近年的觀測結果顯示，外太空確實存在「不明的推斥力」（p.245）。

我竟然認為外太空存在不明的推斥力……

哈伯常數
Hubble constant

哈伯常數是指，哈伯定律中表示宇宙膨脹速率的比例常數。

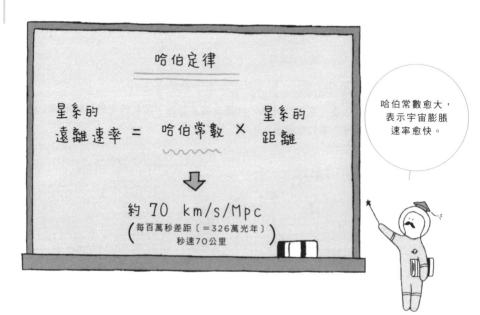

哈伯定律

星系的遠離速率 ＝ 哈伯常數 × 星系的距離

⬇

約 70 km/s/Mpc
（每百萬秒差距〔＝326萬光年〕
秒速70公里）

哈伯常數愈大，表示宇宙膨脹速率愈快。

※哈伯常數的數值會因各種觀測而異。決定哈伯常數的數值，也是現代宇宙論上重要的課題。

霹靂說
Big bang theory

霹靂說（大霹靂）是指，俄羅斯出生的物理學家加莫夫（George Gamow，p.254）於1948年提倡的膨脹宇宙論。他認為宇宙過去是超高溫、超高密度的「小火球」，經過不斷膨脹才冷卻成現在的浩瀚宇宙。

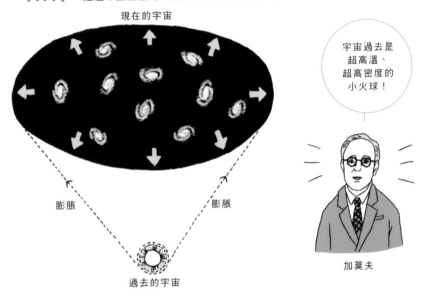

現在的宇宙

宇宙過去是
超高溫、
超高密度的
小火球！

膨脹　　　膨脹

過去的宇宙

加莫夫

初期宇宙曾是「核融合爐」？

宇宙中，存在許多氫、氦等輕元素。加莫夫等人認為，這些輕元素是超高溫、超高密度的初期宇宙，進行核融合（p.40）後的產物。

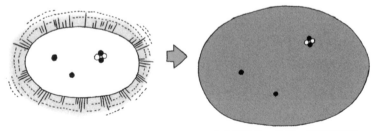

超高溫、超高密度的
初期宇宙，進行核融合
產生輕元素。

宇宙膨脹後，溫度、密度皆下降，
不再進行核融合，
也不產出重元素。

※由氦產生重元素的過程，請參見p.257。

霹靂說的名稱是反對者取的？

霹靂說的名稱，是受英國物理學者霍伊爾（Fred Hoyle）揶揄而來的。因為描述宇宙有「起源」的霹靂說，跟傳統的宇宙論背道而馳，當初鮮少科學家表示支持。

宇宙來自大爆炸
（＝Big Bang），
真是晴天霹靂！

霍伊爾

Big Bang!

穩態宇宙論

Steady state cosmology

穩態宇宙論，是霍伊爾等人於1948年提倡的宇宙論。他們主張宇宙正在膨脹，但星系（物質）是從真空中誕生，填埋於膨脹產生的縫隙中，所以宇宙保持一定的密度、溫度。這跟描述宇宙起源的霹靂說對立。

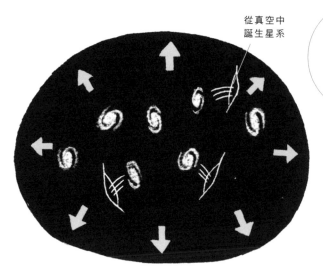

從真空中
誕生星系

星系從真空中
冒出來，
雖然想法奇葩，
但在當時受到
很多人支持。

宇宙微波背景輻射

Cosmic microwave background

宇宙微波背景輻射（又稱宇宙背景輻射），是宇宙全方位連續24小時不間斷發出相同波長、相同強度的微波（一種電波）。這是美國通訊公司的技術員彭齊亞斯（Arno Penzias）與威爾遜（Robert Wilson）於1964年偶然發現的。

微波

一般的電波、
微波，
只要將天線朝向
源頭就能
接收到。

宇宙全方位
24小時發出的
微波到底是
什麼呢？

彭齊亞斯　　　　　　　威爾遜

謎之微波其實是
「大爆炸遺留下來的熱輻射」！

提倡霹靂說的加莫夫曾猜測，過去超高溫宇宙發出的光，會因宇宙膨脹而波長增加，轉為電波、微波遺留到現在的宇宙。彭齊亞斯與威爾遜發現的微波，其實是大爆炸遺留下來的熱輻射。

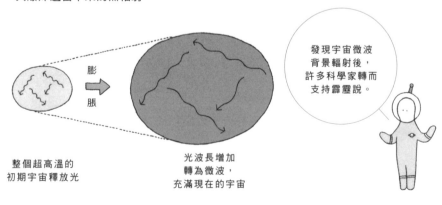

膨
脹

發現宇宙微波
背景輻射後，
許多科學家轉而
支持霹靂說。

整個超高溫的
初期宇宙釋放光

光波長增加
轉為微波，
充滿現在的宇宙

宇宙「放晴」

Recombination

宇宙「放晴」是指，誕生以來「不透明」的超高溫宇宙，膨脹降溫轉為光線能夠直線通過的「透明」狀態。宇宙誕生後約38萬年，此時產生的「直進光」後來變成宇宙微波背景輻射。

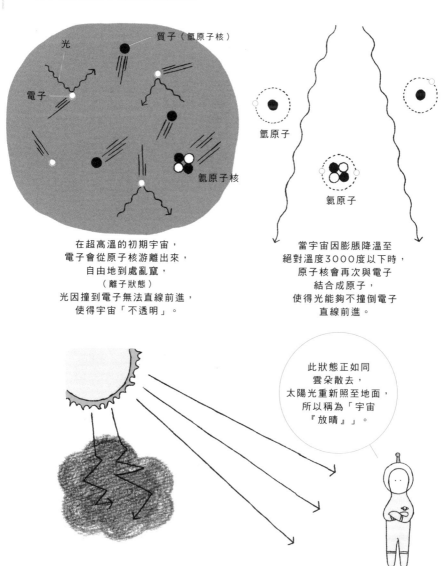

光

質子（氫原子核）

電子

氦原子核

在超高溫的初期宇宙，
電子會從原子核游離出來，
自由地到處亂竄，
（離子狀態）
光因撞到電子無法直線前進，
使得宇宙「不透明」。

氫原子

氦原子

當宇宙因膨脹降溫至
絕對溫度3000度以下時，
原子核會再次與電子
結合成原子，
使得光能夠不撞倒電子
直線前進。

此狀態正如同
雲朵散去，
太陽光重新照至地面，
所以稱為「宇宙
『放晴』」。

暴脹理論
Inflation theory

暴脹理論是描述，宇宙誕生後不久瞬間急遽膨脹好幾十倍（暴脹）的理論。1980年，日本的佐藤勝彥與美國的古斯（Alan Guth）各自提出類似的觀點。

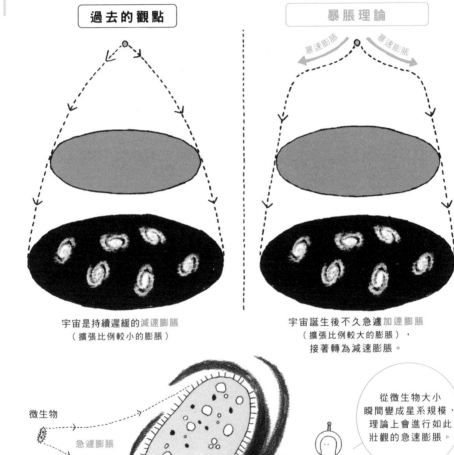

過去的觀點

宇宙是持續遲緩的減速膨脹
（擴張比例較小的膨脹）

暴脹理論

暴速膨脹　　暴速膨脹

宇宙誕生後不久急遽加速膨脹
（擴張比例較大的膨脹），
接著轉為減速膨脹。

微生物

急遽膨脹

從微生物大小
瞬間變成星系規模，
理論上會進行如此
壯觀的急速膨脹。

※不過，急遽膨脹前的宇宙規模遠小於基本粒子，暴脹後的宇宙僅有數十公分
的大小。

暴脹理論解決了各項難題

為何宇宙曲率（p.250）幾乎為零的「曲度問題（flatness problem）」、為何遠到無法交換訊息的兩宇宙領域具有相同性質的「視界問題（horizon problem）」等等，僅以當時的宇宙霹靂說，無法充分說明，留下諸多疑點，但從暴脹理論的角度切入的話，這些問題都能獲得合理的解釋。

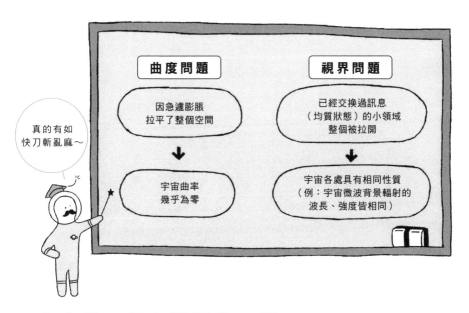

真的有如
快刀斬亂麻～

宇宙暴脹是大霹靂的原因！

暴脹階段結束後，用來加速膨脹宇宙的能量轉為龐大的熱能，將宇宙加溫至超高溫。換句話說，宇宙暴脹（的結束）會引起大霹靂（大爆炸）。

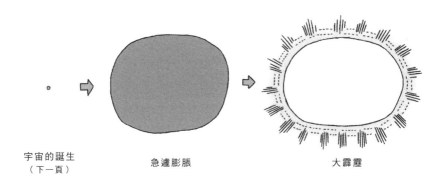

宇宙的誕生
（下一頁）

急遽膨脹

大霹靂

※大霹靂有時也用來表示「宇宙的起源」，但現代宇宙論認為，宇宙誕生後不久隨即加速膨脹，暴脹結束才被加熱至超高溫（亦即引起大爆炸）。

無中生有的宇宙創生

Quantum creation of the universe from a quantum vacuum

無中生有的宇宙創生，是烏克蘭出生的維倫金（Alexander Vilenkin）於1982年發表，以量子論（處理微觀世界中不可思議物理法則的理論→p.276）的角度切入，認為宇宙是從「無」誕生的假說。

量子論中「無」的概念

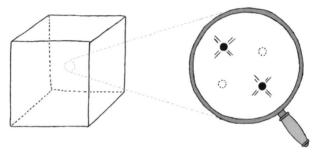

我們所認識（在巨觀世界）的「真空」、「無」，是沒有任何物質的狀態

在微觀的世界，是假想的微粒子反覆誕生與消滅（在「有」「無」之間搖擺不定）

維倫金描述的「宇宙創生」

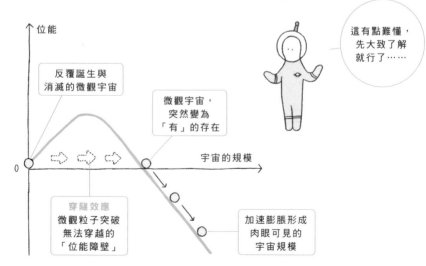

這有點難懂，先大致了解就行了⋯⋯

位能

反覆誕生與消滅的微觀宇宙

微觀宇宙，突然變為「有」的存在

宇宙的規模

穿隧效應
微觀粒子突破無法穿越的「位能障壁」

加速膨脹形成肉眼可見的宇宙規模

無邊界假說
Hartle-Hawking boundary condition

無邊界假說（哈妥-霍金邊界條件），是美國的哈妥（James Hartle）與英國的霍金（Stephen Hawking）於1982年發表的假說，描述宇宙不是由「一點」而是從「半球面」的狀態開始發展。

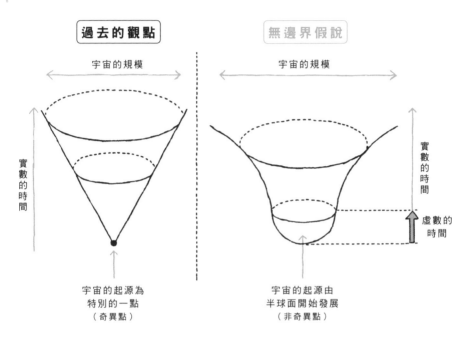

過去的觀點

宇宙的規模

實數的時間

宇宙的起源為
特別的一點
（奇異點）

無邊界假說

宇宙的規模

實數的時間

虛數的時間

宇宙的起源由
半球面開始發展
（非奇異點）

※奇異點（p.168）的溫度、密度為無限大，能夠違背任何物理法則，所以宇宙不可能從奇異點發展而來。

宇宙的起源
仍有許多
不明白的地方，
研究者們
正力圖解開
宇宙起源之謎。

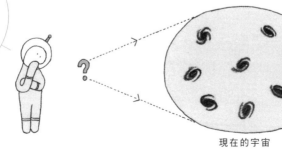

現在的宇宙

宇宙的加速膨脹
Accelerating universe

宇宙的加速膨脹是宇宙膨脹加速的現象,在1998年被觀測到。科學家原先認為,宇宙的膨脹會受到星系等宇宙內部物質所產生的重力影響而減速,但實際上卻是加速膨脹,因此大為震驚。

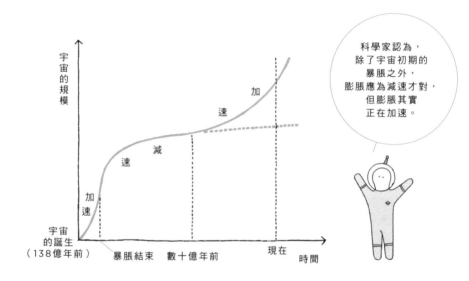

科學家認為,除了宇宙初期的暴脹之外,膨脹應為減速才對,但膨脹其實正在加速。

往上投擲的球會加速上升?

如果往上投擲的球不是掉落地面,而是中途突然加速上升的話,會令人不敢相信吧。宇宙的加速膨脹也是如此,原先認為會減速的膨脹,其實正在加速,科學家發現如此不可思議的情況。

真是令人不敢相信!

暗能量
Dark energy

暗能量是使宇宙加速膨脹的「犯人」，產生斥力（推斥力）的未知能量，目前仍舊不明白其真面目為何。

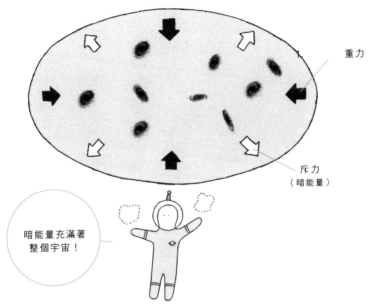

重力

斥力
（暗能量）

暗能量充滿著整個宇宙！

宇宙的95%仍舊不明！

宇宙的構成要素中，重子（質子、中子等）組成的物質僅佔5%，剩餘的是由暗物質（p.216）與暗能量等不明的物質、能量所組成。

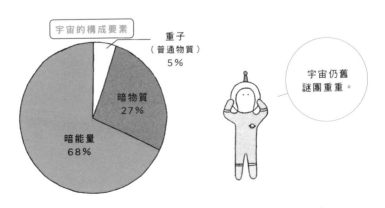

宇宙的構成要素

重子
（普通物質）
5%

暗物質
27%

暗能量
68%

宇宙仍舊謎團重重。

膜宇宙模型
Brane cosmology

膜宇宙模型（膜宇宙），是將我們所認識的四維時空（三維空間＋一維時間）的宇宙，視為漂浮於更高維度時空的膜（brane）狀存在，嶄新的宇宙模型理論。

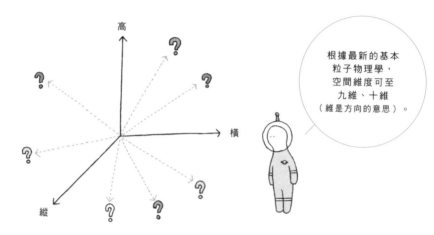

根據最新的基本粒子物理學，空間維度可至九維、十維（維是方向的意思）。

為什麼我們僅能認識到三維空間？

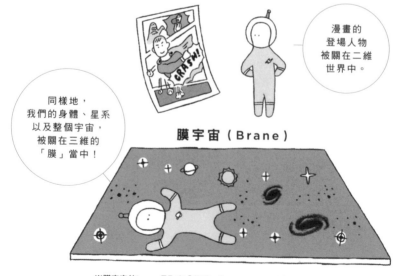

漫畫的登場人物被關在二維世界中。

同樣地，我們的身體、星系以及整個宇宙，被關在三維的「膜」當中！

膜宇宙（Brane）

※膜宇宙的brane是取自「薄膜」的membrane，跟大腦（brain）沒有關係。

僅有重力能夠脫離膜？

我們能夠在三維膜內移動，但無法脫離膜，朝其他不能認識的維度（又稱額外維度）前進。不過，僅有重力能夠脫離膜，向額外維度進行傳播。

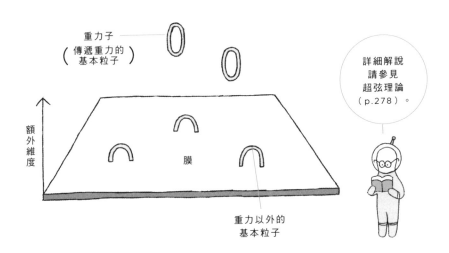

重力子
（傳遞重力的）
基本粒子

額外維度

膜

重力以外的
基本粒子

詳細解說
請參見
超弦理論
（p.278）。

能用「重力波」確認額外維度的存在嗎？

超新星爆炸會發出重力波（傳遞時空彎曲的波→p.288）。由於重力波能夠在額外維度中傳播，若能詳細觀測重力波，或許就可以確認額外維度的存在也說不定。

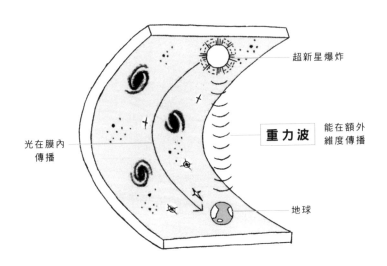

超新星爆炸

重力波　能在額外
維度傳播

光在膜內
傳播

地球

多重宇宙
Multiverse

多重宇宙是意謂「複數宇宙」的複合詞。除了我們所居住的宇宙之外，還有其他複數宇宙存在。近年，研究者開始接受這項新的宇宙概念。

也有研究者提倡，宇宙的個數多達10的200次方、10的500次方等。

從膜宇宙模型來看多重宇宙

多重宇宙是從我們無法認識的額外維度蜷縮纏繞的高維度時空（卡拉比 - 丘流形），伸出「喉頸（throat）」至我們所在的宇宙（膜宇宙），同時也伸出好幾條「喉頸」連結其他的膜宇宙。

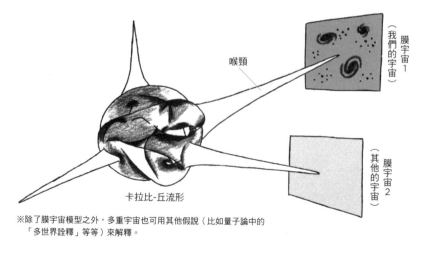

喉頸

膜宇宙1（我們的宇宙）

卡拉比-丘流形

膜宇宙2（其他的宇宙）

※除了膜宇宙模型之外，多重宇宙也可用其他假說（比如量子論中的「多世界詮釋」等等）來解釋。

火劫宇宙模型

Ekpyrotic universe

火劫宇宙模型，是美國**斯泰恩哈特**（Paul Steinhardt）提倡的假說，若同一條喉頸連結複數膜宇宙，兩模宇宙會進行衝撞、反彈、膨脹、再次衝撞的循環。

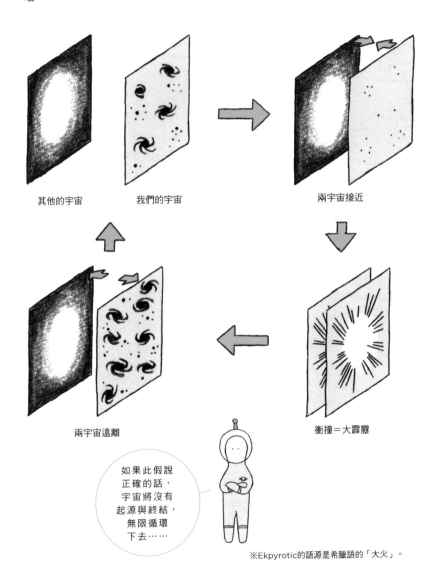

其他的宇宙　　　我們的宇宙　　　　　　　　兩宇宙接近

兩宇宙遠離　　　　　　　　　　衝撞＝大霹靂

如果此假說正確的話，宇宙將沒有起源與終結，無限循環下去……

※Ekpyrotic的語源是希臘語的「大火」。

宇宙曲率
Curvature of the universe

宇宙曲率，是描述宇宙（時空）「彎曲程度」的數值。曲率值取決於宇宙內含有多少物質、能量。

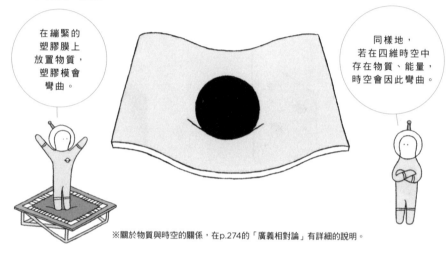

在繃緊的塑膠膜上放置物質，塑膠膜會彎曲。

同樣地，若在四維時空中存在物質、能量，時空會因此彎曲。

※關於物質與時空的關係，在p.274的「廣義相對論」有詳細的說明。

宇宙曲率與「臨界值」

存在於宇宙中的物質、能量多於某數值（又稱臨界值）時，宇宙曲率會是正值；少於臨界值時，曲率會是負值；等於臨界值時，曲率會是零。

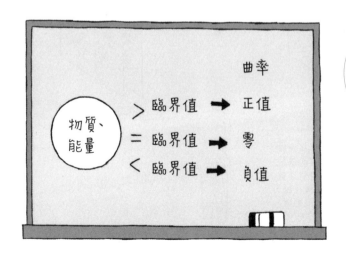

根據宇宙觀測，可知宇宙曲率幾乎為零。

宇宙分為「平坦」、「封閉」、
「開放」三種形式？

曲率為零的宇宙稱為「平坦宇宙」，相當於二維的「平面」。曲率為正值的宇宙和曲率為負值的宇宙，分別稱為「封閉宇宙」、「開放宇宙」。換到二維空間的話，封閉宇宙相當於「球面」，開放宇宙形似「馬鞍」。

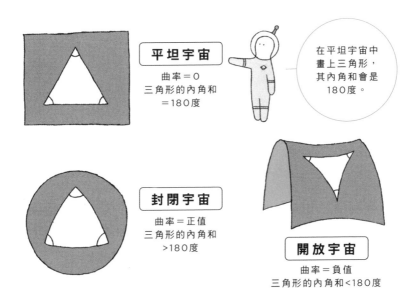

平坦宇宙

曲率＝0
三角形的內角和
＝180度

在平坦宇宙中畫上三角形，其內角和會是180度。

封閉宇宙

曲率＝正值
三角形的內角和
＞180度

開放宇宙

曲率＝負值
三角形的內角和＜180度

宇宙曲率會影響宇宙的未來？

封閉宇宙的場合，受到物質、能量的重力影響，宇宙不久後會停止膨脹，轉而開始收縮；平坦宇宙、開放宇宙的場合，物質、能量的重力不會停止宇宙的膨脹，仍舊繼續膨脹。

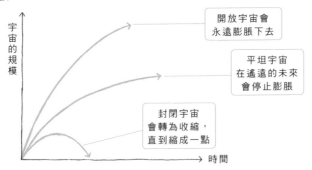

宇宙的規模

開放宇宙會
永遠膨脹下去

平坦宇宙
在遙遠的未來
會停止膨脹

封閉宇宙
會轉為收縮，
直到縮成一點

時間

※上圖是未考慮暗能量的單純模型示意圖。

大崩墜
Big crunch

大崩墜是描述宇宙終結型態的假說之一，認為宇宙膨脹後不久即停止，轉而開始收縮，最終被壓縮成一點。這稱為宇宙大崩墜。

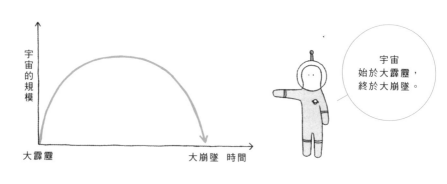

宇宙始於大霹靂，終於大崩墜。

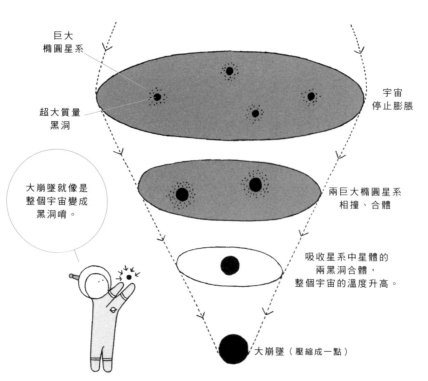

巨大橢圓星系

超大質量黑洞

宇宙停止膨脹

大崩墜就像是整個宇宙變成黑洞唷。

兩巨大橢圓星系相撞、合體

吸收星系中星體的兩黑洞合體，整個宇宙的溫度升高。

大崩墜（壓縮成一點）

大解體

Big rip

大解體也是描述宇宙終結的假說之一，認為宇宙的膨脹速率急劇增加，星系、星體、我們的身體等各種物質將被撕裂成基本粒子，最終迎來毀滅的結局。

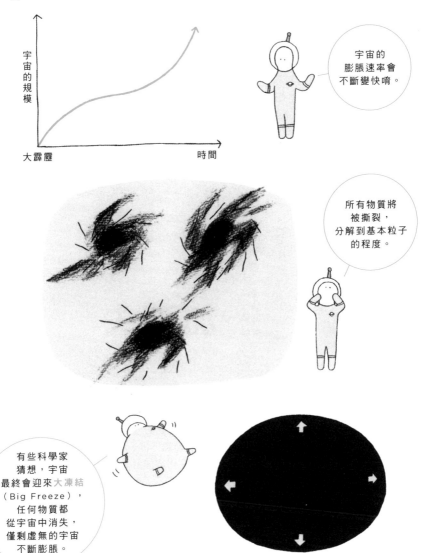

宇宙的
膨脹速率會
不斷變快唷。

所有物質將
被撕裂，
分解到基本粒子
的程度。

有些科學家
猜想，宇宙
最終會迎來大凍結
（Big Freeze），
任何物質都
從宇宙中消失，
僅剩虛無的宇宙
不斷膨脹。

11

哈伯

1889 - 1953

美國天文學家哈伯（Edwin Hubble），
使用當時世界最大口徑2.5公尺的
反射望遠鏡觀測仙女座大星雲（p.209），
證明那其實是銀河系外的其他星系。
他進一步觀測諸多星系的距離與運行情況，
提出哈伯定律（p.234）。
此定律後來成為宇宙膨脹（p.232）的證據。

12

加莫夫

1904 - 1968

俄羅斯出生的美國物理學家加莫夫，
不斷思索宇宙中存在大量氫、氦等輕元素的理由，
最後得到「超高溫、超高密度的初期宇宙核融合
產生輕元素」的結論，提倡宇宙霹靂說。
在觀測到加莫夫推測的宇宙微波背景輻射（p.238）後，
其他科學家相繼接受霹靂說的觀點。

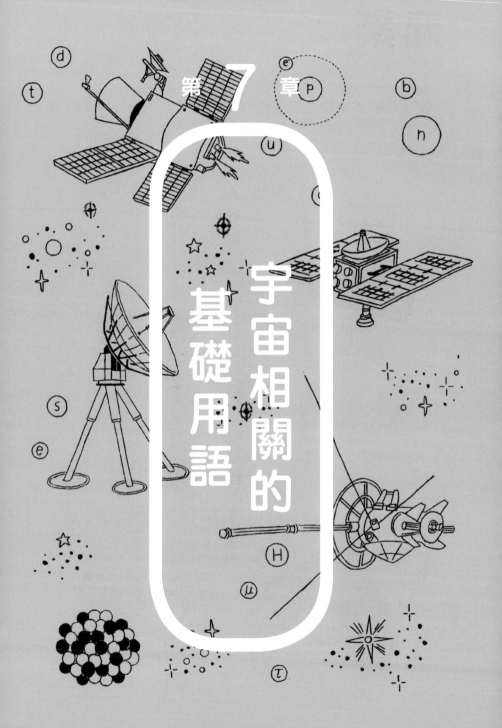

第 7 章

宇宙相關的基礎用語

元素
Element

我們身邊周遭各式各樣的物質，是由少數的「基本成分」所組成。這些基本成分稱為元素，全部約有100多種。

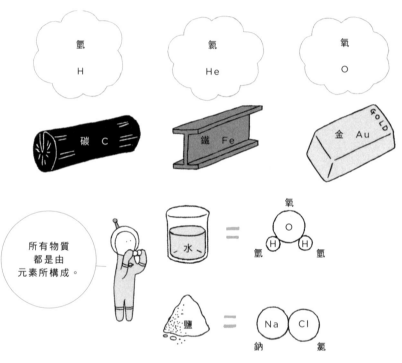

氫 H

氦 He

氧 O

碳 C

鐵 Fe

金 Au

所有物質都是由元素所構成。

水 = 氧 O 氫 H H 氫

鹽 = Na Cl 鈉 氯

宇宙中哪個元素比較多？

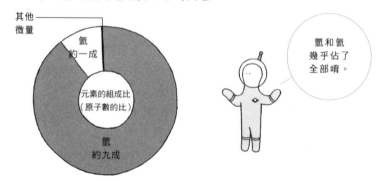

其他微量

氦約一成

元素的組成比（原子數的比）

氫約九成

氫和氦幾乎佔了全部唷。

這些元素是怎麼產生的？

最輕的氫、第二輕的氦以及部分第三輕的鋰，是在誕生後不久的超高溫初期宇宙中形成（p.236）；剩餘的鋰至鐵的元素，則是恆星內部核融合所產生的（p.162）。而比鐵重的元素，過去推測是經由超新星爆炸所產生的，但最近科學家認為，兩中子星（p.24）結合所產生的說法比較有力。

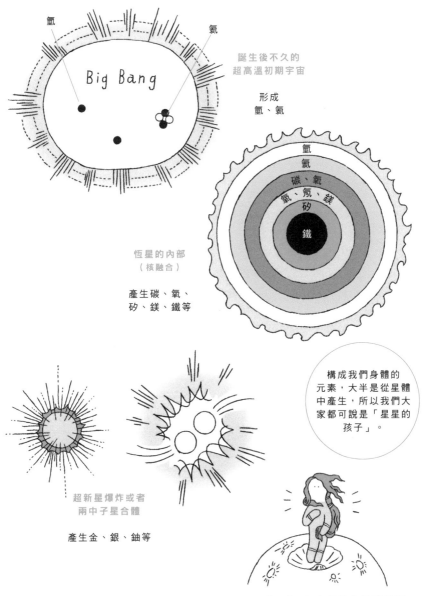

誕生後不久的
超高溫初期宇宙

形成
氫、氦

Big Bang

氫
氦
碳、氧
氧、氖、鎂
矽
鐵

恆星的內部
（核融合）

產生碳、氧、
矽、鎂、鐵等

構成我們身體的
元素，大半是從星體
中產生，所以我們大
家都可說是「星星的
孩子」。

超新星爆炸或者
兩中子星合體

產生金、銀、鈾等

原子

Atom

原子是指，作為物質最小單位的微粒子。
元素是構成各種物質的「基本成分」，其本質為原子。

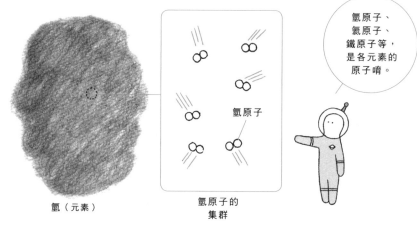

氘（元素）

氘原子的
集群

氘原子

氫原子、
氦原子、
鐵原子等，
是各元素的
原子唷。

※實際上，兩氘原子會結合成氘分子。

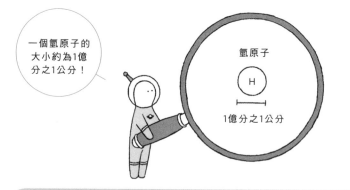

一個氘原子的
大小約為1億
分之1公分！

氘原子

H

1億分之1公分

分子

Molecule

分子是指，由原子結合而成，能夠展現物質性質的最小單位粒子。比如，水
分子是由一個氧原子和兩個氫原子所組成，可以展現水的性質，但若分開成
氧原子和氫原子，則會失去水的性質。換句話說，水的最小單位粒子是水分
子。

質子／中子／電子

Proton／Neutron／Electron

原子的結構為中心帶正電電力（又稱電荷）的原子核，外側環繞著帶負電的電子。原子核是由帶正電荷的質子，與不帶電荷的中子集結而成。任何原子中的電子數和質子數皆相同，所以整顆原子呈現電中性。

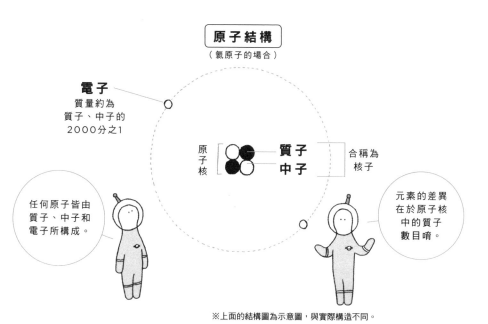

原子結構

（氦原子的場合）

電子
質量約為
質子、中子的
2000分之1

原子核 ── 質子 中子 ── 合稱為核子

任何原子皆由質子、中子和電子所構成。

元素的差異在於原子核中的質子數目唷。

※上面的結構圖為示意圖，與實際構造不同。

同位素

Isotope

同位素是指，原子核中子數不同的同一元素（質子數相同）。因中子數不同而重量不同，但化學性質沒有差異。

碳的同位素

碳12
質子6個
中子6個

約99%

碳13
質子6個
中子7個

約1%

夸克
Quark

夸克，是構成質子、中子等的基本粒子（最小的微粒子）。
夸克又可分為好幾種，質子是由兩個上夸克和一個下夸克所組成；中子是由一個
上夸克和兩個下夸克所組成。

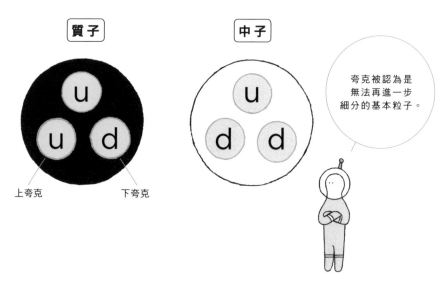

質子

中子

上夸克　　　　下夸克

夸克被認為是
無法再進一步
細分的基本粒子。

夸克分為哪幾種？

目前已知夸克分為六種，質量由輕到重兩兩分為第一代、第二代、第三代。

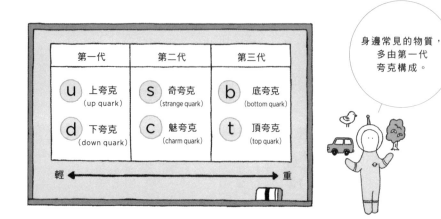

第一代	第二代	第三代
u 上夸克 (up quark)	s 奇夸克 (strange quark)	b 底夸克 (bottom quark)
d 下夸克 (down quark)	c 魅夸克 (charm quark)	t 頂夸克 (top quark)

輕 ←――――――――→ 重

身邊常見的物質，
多由第一代
夸克構成。

微中子
Neutrino

微中子是基本粒子之一，由不帶電荷（Neutral）的特性取名為Neutrino。質量非常輕且不與其他物質反應，宛如幽靈般，能夠穿過任何東西的基本粒子。

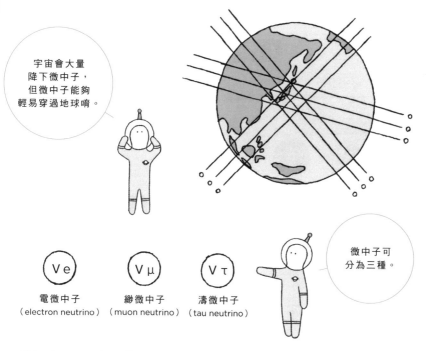

宇宙會大量降下微中子，但微中子能夠輕易穿過地球唷。

微中子可分為三種。

Ve
電微子
（electron neutrino）

Vμ
緲微子
（muon neutrino）

Vτ
濤微子
（tau neutrino）

微中子會「變身」？

微中子在過去被認為是質量零的基本粒子。然而，在使用**超級神岡探測器**（p.167神岡探測器的後繼機）的實驗中，發現了微中子具有質量的證據（**微中子振盪的現象**），整個顛覆過往的常識。

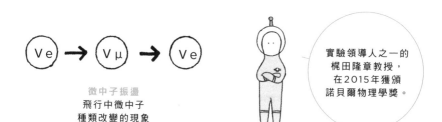

Ve → Vμ → Ve

微中子振盪
飛行中微中子
種類改變的現象

實驗領導人之一的梶田隆章教授，在2015年獲頒諾貝爾物理學獎。

反粒子／反物質

Antiparticle／Antimatter

反粒子是指，與某粒子質量相同但帶相反電荷的粒子。任何基本粒子都有其配對的反粒子。反粒子構成的物質，稱為反物質。我們身邊周遭幾乎沒有反粒子、反物質，但可由加速器（p.270）人工製作。

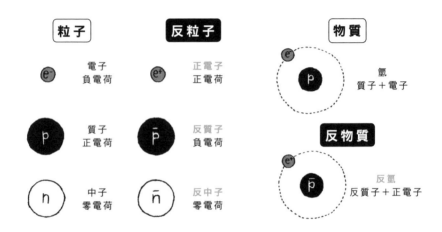

粒子	反粒子	物質

電子 負電荷　　正電子 正電荷

質子 正電荷　　反質子 負電荷

中子 零電荷　　反中子 零電荷

氫 質子＋電子

反物質

反氫 反質子＋正電子

※反質子、反中子是由三個反夸克（夸克的反粒子）所構成。中子與反中子皆為電荷零的粒子，反中子是由反夸克所構成，所以是中子的反粒子。

粒子與反粒子相撞後會發生什麼事？

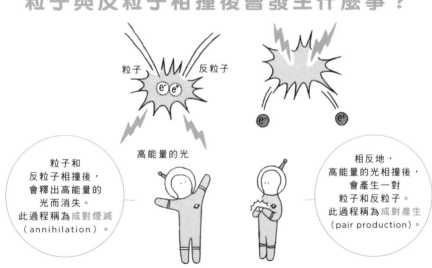

粒子　　反粒子

高能量的光

粒子和反粒子相撞後，會釋出高能量的光而消失。此過程稱為成對煙滅（annihilation）。

相反地，高能量的光相撞後，會產生一對粒子和反粒子。此過程稱為成對產生（pair production）。

反粒子消失到哪裡去？

在大霹靂後不久的超高溫初期宇宙，科學家認為高能量的光會相撞，成對產生相同數量的粒子與反粒子，再反覆相撞消滅。然而，現在的宇宙中，卻只能找到由粒子構成的物質。

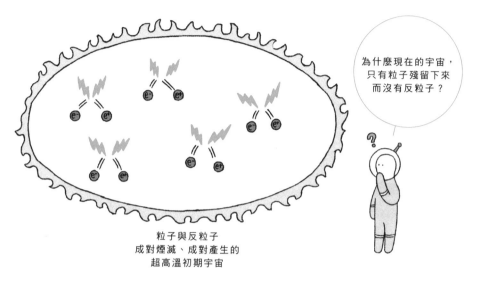

為什麼現在的宇宙，
只有粒子殘留下來
而沒有反粒子？

粒子與反粒子
成對煙滅、成對產生的
超高溫初期宇宙

小林·益川模型

Kobayashi-Masukawa model

1973年，時任京都大學教授的小林誠與益川敏英推測，當時認為只有三種的夸克應該存在六種，如此設想的話，初期宇宙中的粒子數量會稍微多於反粒子數量，最後才有可能僅留下粒子。這稱為小林·益川模型。兩人於2009年獲頒諾貝爾物理學獎。

益川敏英

小林誠

反粒子消失之謎
仍然沒有完全解開，
目前還在繼續
研究中。

四大基本力

Four fundamental force of nature

四大基本力（又稱基本交互作用），是作用於基本粒子之間四種基本的作用力（交互作用），分別為重力、電磁力、強核力、弱核力。存在於自然界的所有作用力，都能追溯到這四大基本力的其中一種。

重力

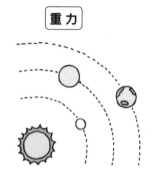

作用於所有物質的引力
……行星的公轉運動
就是太陽的重力所引起的

電磁力

電、磁所產生的力量
……物質的化學反應
就是電磁力所引起的

強核力

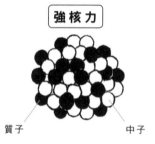

質子　　　　　　　中子

鞏固原子核內
質子、中子的力量
（正確來說是夸克
之間的作用力）

弱核力

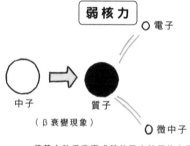

○ 電子

中子　　　　　　質子

（β衰變現象）

○ 微中子

使基本粒子衰變成其他基本粒子的力量
（正確來說是改變夸克與輕子
〔p.266〕種類的作用力）

「強核力」、
「弱核力」
真是奇怪的
名字！

原子核中存在
兩種作用力，
一種比較強、
一種比較弱，
就直接這樣稱呼。

傳遞力量也是基本粒子的功用？

根據基本粒子的理論，基本粒子之間存在傳遞力量的媒介粒子（統稱為玻色子〔boson〕）。玻色子分為四種媒介粒子，分別傳遞四大基本力。

光子（photon）
……傳遞電磁力

弱玻色子（weak boson）
……傳遞弱核力

膠子（gluon）
……傳遞強核力

重力子（graviton）
……傳遞重力

傳遞作用力的媒介粒子中，只有重力子還未被發現。

※也有人認為光子是光（電磁波）的基本粒子。
※弱玻色子分為W玻色子與Z玻色子兩種；膠子視不同顏色（色荷）分為八種。

四大基本力曾為同一種作用力？

科學家推測，在超高溫的初期宇宙，四大基本力原本是同一種作用力。隨著宇宙膨脹而降溫，這股力量才分歧出四大基本力。

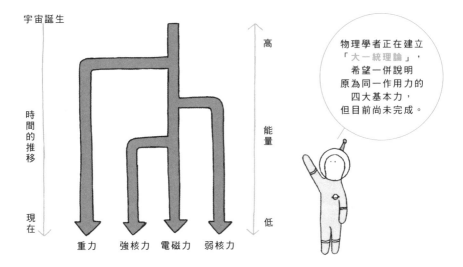

宇宙誕生

時間的推移

現在

高

能量

低

重力　強核力　電磁力　弱核力

物理學者正在建立「大一統理論」，希望一併說明原為同一作用力的四大基本力，但目前尚未完成。

標準模型
Standard model

標準模型是指，現代基本粒子理論中被認為「基本正確的」架構。在標準模型中，基本粒子是由構成物質的費米子（fermion）、傳遞力量的玻色子（p.265）與產生質量的希格斯玻色子所組成。

標準模型中的基本粒子

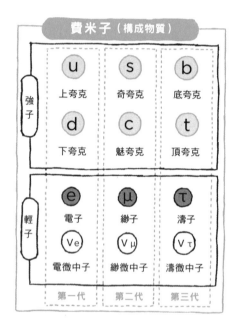

費米子（構成物質）

	第一代	第二代	第三代
強子	u 上夸克	s 奇夸克	b 底夸克
	d 下夸克	c 魅夸克	t 頂夸克
輕子	e 電子	μ 緲子	τ 濤子
	Ve 電微中子	Vμ 緲微中子	Vτ 濤微中子

玻色子（傳遞力量）

・
光子
（電磁力）

W⁻ W⁺ Z⁰
弱玻色子
（弱核力）

g g g g g g g g
膠子
（強核力）

G
重力子
（引力子）

產生質量的基本粒子

H
希格斯玻色子

標準模型能夠完全說明基本粒子嗎？

標準模型無法充分解釋重力，也不曉得暗物質、暗能量的真面目。所以，科學家還在追求超越標準模型的理論唷。

希格斯玻色子

Higgs boson

在標準模型中，科學家認為所有基本粒子原先並沒有質量，經由希格斯玻色子作用才產生質量。英國的希格斯（Peter Higgs）與比利時的恩格勒（Francois Englert）於1964年提出希格斯玻色子的存在，該粒子最後於2012年被發現，兩人獲頒2013年的諾貝爾物理學獎。

基本粒子產生質量的機制

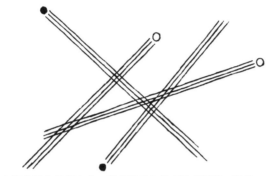

在超高溫的初期宇宙，希格斯玻色子處於「蒸發」狀態，
所有基本粒子以光速四處亂竄。

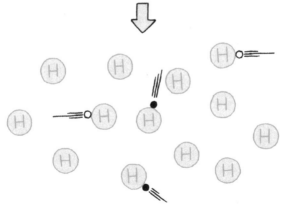

宇宙膨脹降溫後，空間性質發生轉變（稱為真空的相轉移），
蒸發狀態的希格斯玻色子填滿整個空間，基本粒子受阻於希格斯玻色子，
移動變慢且低於光速。這表示基本粒子產生質量。

※根據狹義相對論（p.272），具有質量的粒子無法加速至超過光速，僅有質量零的光（光子）才能達到光速運動。換句話說，移動速率不及光速的基本粒子，意謂著本身具有質量。

超對稱粒子

Supersymmetric particle

超對稱粒子（SUSY粒子）是指，標準模型（p.266）中未預想到的未知粒子。
超對稱理論（Supersymmetric Theory）猜測，所有基本粒子皆有作為「搭檔」的基本粒子（超對稱夥伴），但目前仍未發現。

標準模型的基本粒子

費米子（一般粒子）

夸克

電子
（electron）　微中子

玻色子（一般粒子）

光子　　W玻色子　　Z玻色子

膠子　　重力子

希格斯玻色子

名字中出現
「超～」、
「～微子」的，
會是超對稱粒子。

超對稱粒子

超費米子（超對稱夥伴）

超夸克
（squark）

超電子　　超微中子
（selectron）（sneutrinot）

玻色微子（超對稱夥伴）

光微子　　W微子　　Z微子
（photino）（wino）　（zino）

膠微子　　重力微子
（gluino）（gravitino）

希格斯微子
（Higgsino）

SUSY（蘇西）
粒子，
名字真可愛。

中性微子

Neutralino

中性微子是一種超對稱粒子,被認為是暗物質(p.216)的有力候補之一,但尚未實際發現。

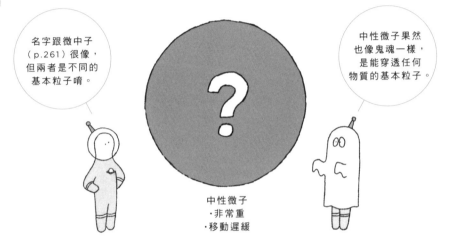

名字跟微中子（p.261）很像,但兩者是不同的基本粒子唷。

中性微子果然也像鬼魂一樣,是能穿透任何物質的基本粒子。

中性微子
·非常重
·移動遲緩

※中性微子是混合Z微子、光微子、中性希格斯微子的超對稱粒子。

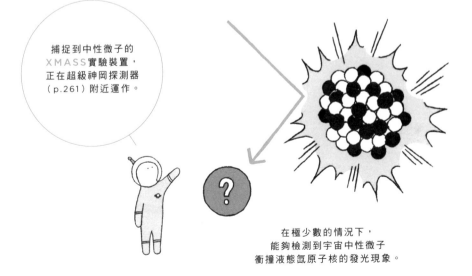

捕捉到中性微子的XMASS實驗裝置,正在超級神岡探測器（p.261）附近運作。

在極少數的情況下,能夠檢測到宇宙中性微子衝撞液態氙原子核的發光現象。

加速器

Particle accelerator

加速器（粒子加速器）是激發電子、質子等的加速裝置。在基本粒子實驗中使用的加速器，可將粒子加速至接近光速，相撞產生非自然界的稀有基本粒子。

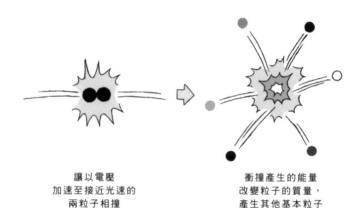

讓以電壓
加速至接近光速的
兩粒子相撞

衝撞產生的能量
改變粒子的質量，
產生其他基本粒子

電子伏特

Electron volt

電子伏特（eV）是一種能量單位。1電子伏特為電子經1伏特電壓加速時所獲得的能量。由於能量可轉換為質量，基本粒子的質量單位也可用電子伏特表示。

電子的質量
約0.5MeV
（50萬電子伏特）

質子的質量
約940MeV
（9億4000萬電子伏特）

希格斯玻色子的質量
約126GeV
（1260億電子伏特）

加速器以愈高的
能量激發粒子衝撞，
產生基本粒子
愈重。

※1eV相當於1.8×10^{-33}公克。

LHC

Large Hadron Collider

LHC（大型強子對撞機），是CERN（歐洲核子研究組織）所建置世界最大對撞型圓形加速器的名稱。諸如發現希格斯玻色子（p.267）等，這台加速器為人類帶來許多貢獻。

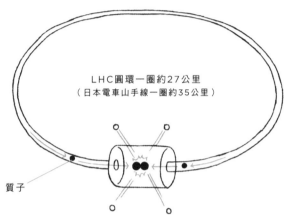

LHC圓環一圈約27公里
（日本電車山手線一圈約35公里）

質子

建置於瑞士日內瓦近郊地下的LHC，
在一圈約27公里的圓環內，
以超導磁鐵激發兩質子至接近光速，
相撞產生未知的基本粒子

發現希格斯
玻色子的LHC，
今後將試圖
發現超對稱粒子
（p.268）等。

最大可釋出14TeV
（14兆電子伏特）
超高能量的LHC，
能夠重現宇宙
大霹靂的瞬間。

Big Bang!

狹義相對論
Special relativity

愛因斯坦提出了兩種相對論，最先建立的狹義相對論，是闡述運動後的時間、空間尺度將發生變化（時間流動看起來變慢、行進長度看起來變短），是一個顛覆過往常識的真理。

相對論是闡述時間和空間性質的物理理論。

愛因斯坦

乘坐高速太空船到宇宙旅行，回來時年齡不會增加？

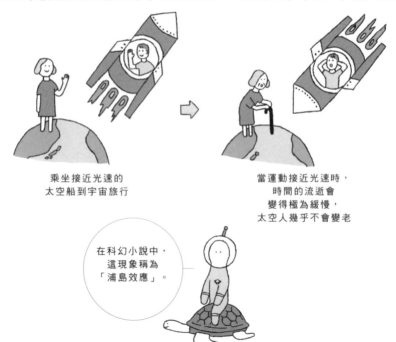

乘坐接近光速的太空船到宇宙旅行

當運動接近光速時，時間的流逝會變得極為緩慢，太空人幾乎不會變老

在科幻小說中，這現象稱為「浦島效應」。

沒有辦法超越光速？

狹義相對論是基於「光速不變原理」的理論，認為無論運動觀測者的速率為何，皆看到相同的光速（光速c＝秒速30萬公里左右），且任何運動都無法超越光速。

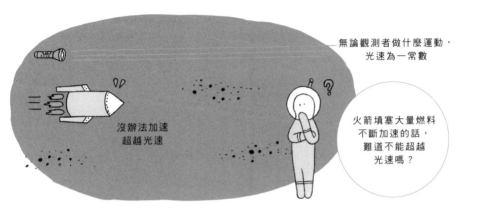

—無論觀測者做什麼運動，光速為一常數

沒辦法加速超越光速

火箭填塞大量燃料不斷加速的話，難道不能超越光速嗎？

能量會轉為質量？

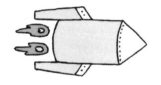

以接近光速飛行的火箭，噴射能量進一步加速（給予能量）

但速率幾乎沒有上升，火箭的質量反而增加（能量轉為質量），無法加速超過光速

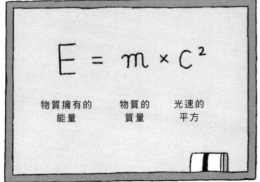

$$E = m \times c^2$$

物質擁有的能量　　物質的質量　　光速的平方

具有質量的物質，其實隱藏著巨大的能量唷。

廣義相對論
General relativity

廣義相對論，是將古典重力理論（牛頓的重力理論）改為符合狹義相對論的理論。廣義相對論闡述，物質存在的時空（將時間與空間視為一體）會彎曲，物質沿著時空彎曲移動的現象，正是重力所造成的運動。

認為重力是在
零時間下傳遞
（以無限大的
速度傳遞）

任何運動皆
無法超越光速

我來改寫
重力理論吧！

物質存在的時空會彎曲？

塑膠膜（代表時空）

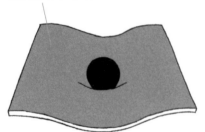

在薄塑膠膜（＝時空）上
放置球體（＝物質），
塑膠膜會彎曲

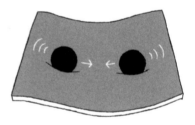

將兩球體放在不同位置，
球體會沿著塑膠膜
移動接近

這就是重力的
作用機制

※表示時空彎曲程度的是曲率
（p.250）。

重力愈強，時間的流逝愈慢？

根據廣義相對論，重力強大的地方，時間的流逝遲緩。地球的重力從地球中心向外遞減，相較於地表的時鐘，上空的時間會更快一些。

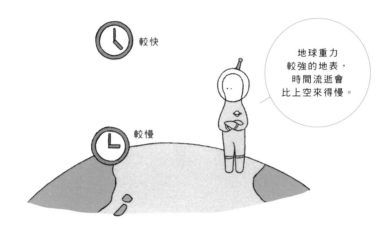

GPS有根據相對論修正時間？

GPS（全球定位系統），是接收位於上空約2萬公里、以秒速4公里左右運行的複數GPS衛星電波，掌握自己現在位置的系統。裝設於GPS衛星上的原子鐘（非常精準的時鐘），已有根據相對論修正時間。

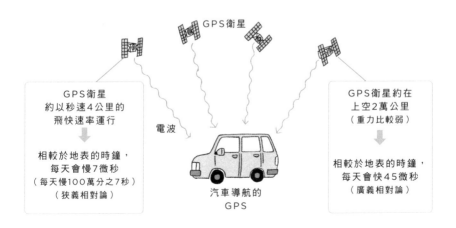

由於上述兩個影響，GPS衛星的原子鐘每天
會比地表時間快上38微秒，需要進行修正

量子論
Quantum theory

量子論是微觀世界的物理法則。在微觀世界（比原子還要小的世界），與我們所能認識的巨觀世界不同，受到奇妙的物理法則支配。討論這些現象的就是量子論。

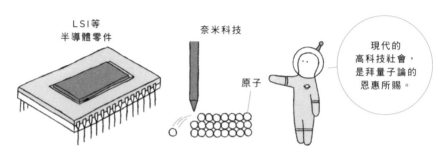

LSI等
半導體零件

奈米科技

原子

現代的
高科技社會，
是拜量子論的
恩惠所賜。

※相對論幾乎由愛因斯坦獨自完成，而量子論是由普朗克（Max Planck）、波耳（Niels Bohr）、
德布羅意（Louis Broglie）、海森堡（Werner Heisenberg）、薛丁格（Erwin Schrodinger）、
玻恩（Max Born）等諸位物理學家共同建立。

微觀物質是粒子也是波動？

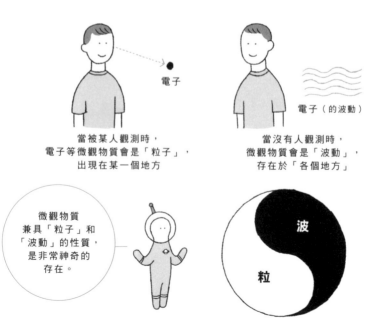

電子

當被某人觀測時，
電子等微觀物質會是「粒子」，
出現在某一個地方

電子（的波動）

當沒有人觀測時，
微觀物質會是「波動」，
存在於「各個地方」

微觀物質
兼具「粒子」和
「波動」的性質，
是非常神奇的
存在。

波

粒

微觀物質的未來是隨機決定的？

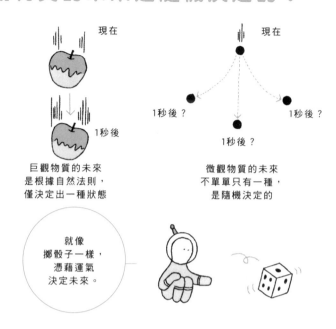

現在

1秒後

巨觀物質的未來
是根據自然法則，
僅決定出一種狀態

現在

1秒後？

1秒後？

1秒後？

微觀物質的未來
不單單只有一種，
是隨機決定的

就像
擲骰子一樣，
憑藉運氣
決定未來。

在微觀世界，一切都是搖擺不定？

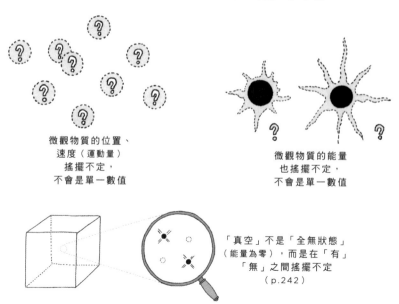

微觀物質的位置、
速度（運動量）
搖擺不定，
不會是單一數值

微觀物質的能量
也搖擺不定，
不會是單一數值

「真空」不是「全無狀態」
（能量為零），而是在「有」
「無」之間搖擺不定
（p.242）

量子重力論
Quantum gravity theory

量子重力論，是結合廣義相對論與量子論的未完成理論，「以量子論解釋重力的理論」，亦稱作「時空的量子論」。在解明宇宙的起源，量力重力論的完成是不可欠缺的。

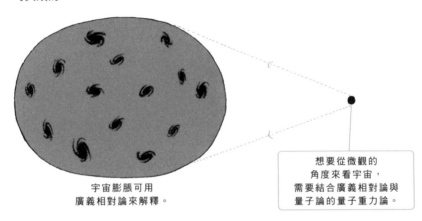

宇宙膨脹可用
廣義相對論來解釋。

想要從微觀的
角度來看宇宙，
需要結合廣義相對論與
量子論的量子重力論。

超弦理論
Superstring theory

超弦理論是量子重力論的有力候補之一，結合了「弦理論」與超對稱理論（p.268）兩種假說。

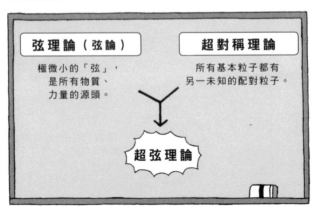

弦理論（弦論）
極微小的「弦」，
是所有物質、
力量的源頭。

超對稱理論
所有基本粒子都有
另一未知的配對粒子。

超弦理論

物質最小的構成要素是「弦」？

超弦理論認為，物質最小的構成要素不是點狀的粒子，而是極短小的一維「弦」。當弦朝各個方向（維）震動時，會變成各種基本粒子。想要形成目前已知的數十種基本粒子，空間維度需為九維或者十維（p.246）。

弦的端點會固定在「膜」上？

弦的端點一定會固定在名為「膜（p.246）」的能量塊上，開放弦無法脫離膜移動，但封閉弦能夠遠離膜。重力子是由封閉弦轉變而來，只有重力可在膜間隨意移動。

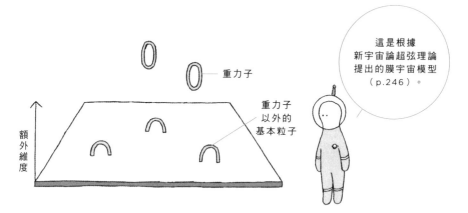

電磁波

Electromagnetic wave

電磁波是在空間中傳播的電力波。發生電力波的同時，也會產生磁力波，因而合稱為電磁波。電磁波依波長（波的最高「峰」到下一個波峰之間的長度）的不同，可分為電波、紅外線、光（可見光）、紫外線、X射線、γ射線等。

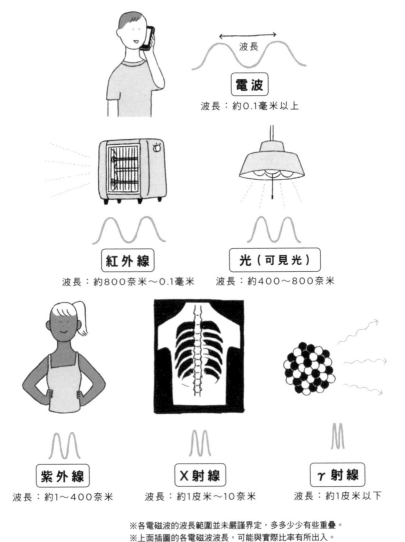

波長

電波

波長：約0.1毫米以上

紅外線

波長：約800奈米～0.1毫米

光（可見光）

波長：約400～800奈米

紫外線

波長：約1～400奈米

X射線

波長：約1皮米～10奈米

γ射線

波長：約1皮米以下

※各電磁波的波長範圍並未嚴謹界定，多多少少有些重疊。
※上面插圖的各電磁波波長，可能與實際比率有所出入。
※1奈米（nm）為100萬分之1毫米；1皮米（pm）為10億分之1毫米。

可見光

Visible light

可見光（又可單指光），是波長約為400～800奈米，人眼可見的電磁波。科學家認為，人類、多數動物的眼睛能夠辨識可見光，是配合太陽光的光譜（p.182）演化而來的。

因為太陽發出許多可見光，所以動物的眼睛才朝能夠辨識可見光的方向演化。

觀測宇宙中的可見光能夠發現什麼？

恆星多是以可見光的波長閃耀發光，所以想要觀察恆星本身，或者調查星體集結的星系構造、太空中的星系分布等，可選擇觀測可見光。

地球人從以前就用肉眼、望遠鏡（光學望遠鏡）觀測宇宙。

電波

Radio wave

電波是波長大於0.1毫米的電磁波。與光（可見光）同樣以光速在空間傳播的電波，在行動電話、電視、廣播、衛星通訊等無線通訊上，是現代社會中不可欠缺的電磁波。

電波的種類與主要用途

			電波名稱	波長	主要用途
能處理的訊息量多 ⇅ 能處理的訊息量少	向特定方向傳播 ⇅ 向廣泛方向傳播	直進性強 ⇅ 直進性弱	EHF 毫米波	1mm	電波天文、雷達
			SHF 釐米波	1cm	衛星電視、雷達、ETC、無線LAN
			UHF 極超短波	10cm	行動電話、計程車無線電、Bluetooth、電視、GPS、微波爐、無限LAN
			VHF 超短波	1m	航空管制通訊、電視、FM廣播
			HF 短波	10m	船舶通訊、飛機通訊、短波廣播
			MF 中波	100m	船舶通訊、AM廣播
			LF 長波	1km	標準電波（電波時鐘）、電波航行
			VLF 超長波	10km	潛水艦通訊

（微波 涵蓋 SHF 釐米波 與 UHF 極超短波 之間，波長約 1cm～10cm）

※微波的波長沒有明確界定，有時僅指極超短波與釐米波（波長約1～30公分），有時也到包含毫米波。

接收到銀河系中心部發出的電波？

宇宙電波依發生機制分為兩種，一種是非常激烈的天體現象所發出的電波，比如來自銀河人馬座方向的電波（p.202）；另一種是銀河系中心部發生劇烈的能量活動所發出的電波。

銀河系中心部
發出的電波

太陽表面發生
閃焰（p.38）時，
也會以同樣的
機制放出電波。

太陽發生
閃焰時的電波

低溫宇宙也會發出電波？

與前述情況相反，活動極為和緩的低溫宇宙也會發出電波。天體的溫度愈高，發出的電波波長愈短；非常低溫的天體，會發出長波長的電波，比如誕生新星體的暗星雲（p.142），約為負260℃的超低溫，會發出許多電波。因此，透過觀測宇宙的電波，可以調查星體誕生的現場情況。

與高溫天體
發出可見光的
「熱宇宙」不同，
電波天文學
讓我們認識了
「冷宇宙」。

電波望遠鏡

紅外線

Infrared

紅外線，是波長短於電波（約0.1毫米以下）、長於可見光（約800奈米以上）的電磁波。物體吸收紅外線後溫度會上升，所以紅外線又稱為熱線。

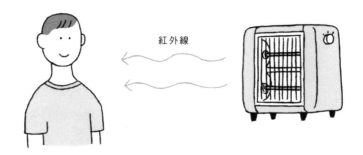

紅外線

觀測宇宙中的紅外線能夠發現什麼？

紅外線適合用來觀測溫度稍低的天體，比如原恆星（p.147）、被星體加溫的塵埃。另外，紅外線能夠穿過塵埃，直接觀測到藏於塵埃中的銀河系中心部。而且，遙遠星系光的波長，會因紅移被拉長至紅外線區域，所以紅外線還可用來觀測超遙遠的星系。

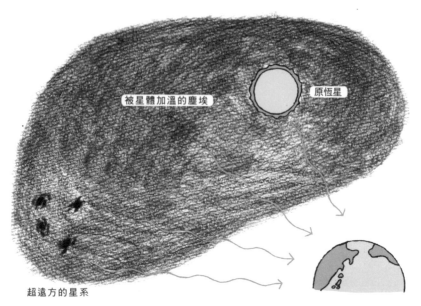

被星體加溫的塵埃

原恆星

超遠方的星系

紫外線
Ultraviolet

紫外線，是波長短於可見光（約400奈米以下）、長於X射線（約1奈米以上）的電磁波。物體吸收紫外線後容易引起化學反應，所以照射紫外線才會出現曬黑的現象。

紫外線

觀測宇宙中的紫外線能夠發現什麼？

紫外線適合用來觀測高溫的天體。經星爆（p.213）誕生年輕質重的星體、或是年老星體末期姿態的白矮星（p.159），都是溫度高達數萬度至十萬度的天體，會發出許多紫外線，所以適合用紫外線進行觀測。另外，溫度高達數百萬度的太陽日冕（p.36），也可用紫外線進行觀測。

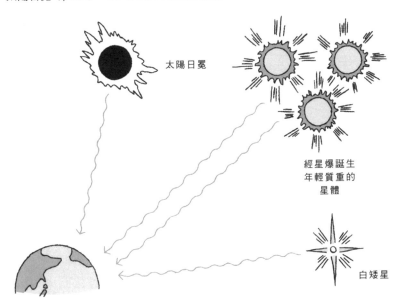

太陽日冕

經星爆誕生
年輕質重的
星體

白矮星

X射線／γ射線

X-ray／Gamma ray

X射線,是波長短於紫外線(約1皮米～10奈米)的電磁波;γ射線,是波長短於X射線(約1皮米以下)的電磁波,兩者可合稱為放射線(電磁輻射)。放射線具有穿過物質的「穿透作用」,與穿過分子、原子時游離電子的「電離作用」等特徵。

觀測宇宙中的X射線、γ射線能夠發現什麼?

X射線會從數百萬度至數億度的超高溫宇宙領域發出。表面溫度超過一百萬度的中子星(p.24)、黑洞周圍的吸積盤(p.169)、星系團內超高溫的離子氣體等,都可用X射線進行觀測。γ射線跟X射線源一樣,是從超高溫宇宙領域發出。

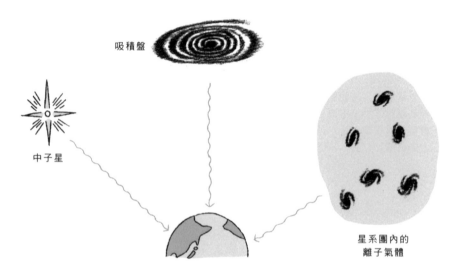

吸積盤

中子星

星系團內的
離子氣體

γ射線爆發

Gamma-ray burst

γ射線爆發,是在0.01秒至數分鐘的極短時間內,大量發出γ射線的宇宙最大規模爆發現象。科學家認為,這可能發生於極重星體臨終爆炸(又稱極新星爆炸等)的時候,但仍是有許多不明之處的謎之現象。

大氣窗口
Atmospheric window

大氣窗口是指,能夠通過地球大氣層的電磁波波長範圍。在外太空,太陽、遙遠天體會發出各種電磁波,但地球大氣層對大部分波長的電磁波是「不透明」的,僅對極少部分的波長範圍打開「窗口」。

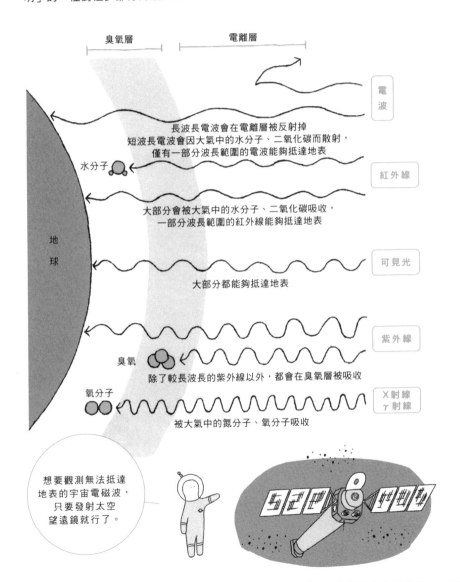

臭氧層　　　　　電離層

電波

長波長電波會在電離層被反射掉
短波長電波會因大氣中的水分子、二氧化碳而散射,
僅有一部分波長範圍的電波能夠抵達地表

水分子　　　　　　　　　　　　　　　　　紅外線

大部分會被大氣中的水分子、二氧化碳吸收,
一部分波長範圍的紅外線能夠抵達地表

可見光

大部分都能夠抵達地表

紫外線

臭氧

除了較長波長的紫外線以外,都會在臭氧層被吸收

氧分子　　　　　　　　　　　　　　　　　X射線
　　　　　　　　　　　　　　　　　　　　γ射線

被大氣中的氮分子、氧分子吸收

地球

想要觀測無法抵達
地表的宇宙電磁波,
只要發射太空
望遠鏡就行了。

重力波
Gravitational wave

重力波，是如同漣漪的時空振動以光速向周圍傳播的現象。愛因斯坦根據廣義相對論於1916年提出重力波的存在。

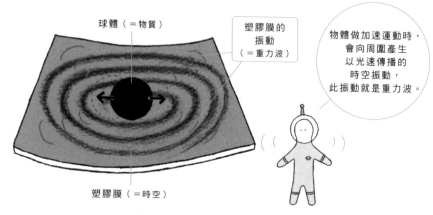

球體（＝物質）

塑膠膜的振動（＝重力波）

物體做加速運動時，會向周圍產生以光速傳播的時空振動，此振動就是重力波。

塑膠膜（＝時空）

※加速度運動是指，物體的速率、行進方向發生變化的運動。

什麼時候會產生重力波？

人類只要揮轉手臂就能產生重力波，但這樣的重力波過於微弱，無法檢測出來。超新星爆炸、兩中子星或者兩黑洞相撞、合體等劇烈天文現象，其一部分能量所發出強大的重力波，才能夠被檢測出來。

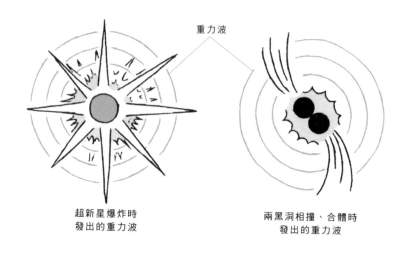

重力波

超新星爆炸時發出的重力波

兩黑洞相撞、合體時發出的重力波

GW150914

GW150914，是首次直接檢測出的重力波名稱。美國重力波望遠鏡LIGO於2015年9月14日捕捉到，經過審慎分析後證實是重力波，在2016年2月公開發表。

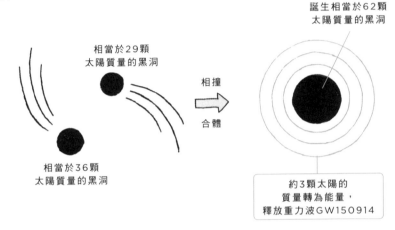

誕生相當於62顆太陽質量的黑洞

相當於29顆太陽質量的黑洞

相撞

合體

相當於36顆太陽質量的黑洞

約3顆太陽的質量轉為能量，釋放重力波GW150914

重力波望遠鏡的觀測原理是？

當周圍有重力波經過，空間會些許延長或者收縮。重力波望遠鏡利用此特性，藉由測量雷射光在兩垂直「管壁」內往返的時間差，檢測有無重力波經過。除了美國的LIGO之外，日本的KAGRA（神樂，在2018年正式啟動）、歐洲的VIRGO等等，各國正逐步構築重力波望遠鏡的國際網路。

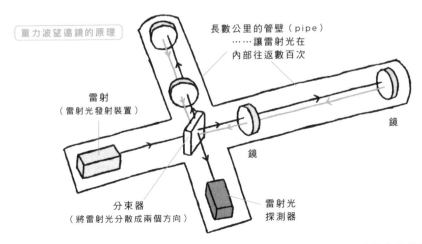

重力波望遠鏡的原理

長數公里的管壁（pipe）……讓雷射光在內部往返數百次

雷射（雷射光發射裝置）

鏡

分束器（將雷射光分散成兩個方向）

雷射光探測器

鏡

太初重力波
Primordial gravitational wave

太初重力波，是宇宙誕生不久發生暴脹（p.240）時所產生的重力波。在誕生不久的微小宇宙中所出現的「時空振盪」，因暴脹而發展成重力波，充滿現在的整個宇宙，這就是太初重力波。

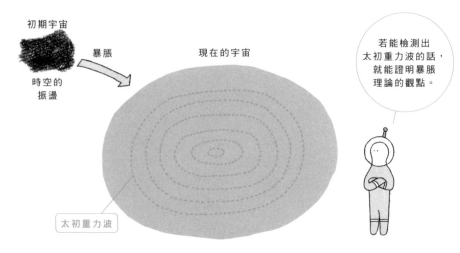

初期宇宙

時空的振盪

暴脹

現在的宇宙

太初重力波

若能檢測出太初重力波的話，就能證明暴脹理論的觀點。

太初重力波要怎麼觀測？

太初重力波非常微弱（低頻波），LIGO、KAGRA沒有辦法檢測出來。於是，有科學家提議，將重力波望遠鏡發射至宇宙來檢測。除此之外，還有一種手法是藉由調查太初重力波在宇宙微波背景輻射（p.238）殘留下來的影響，間接證明太初重力波的存在。諸如此類的觀測計畫正在世界各地進行。

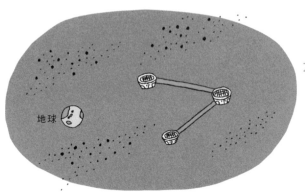

地球

太空重力波望遠鏡

在宇宙衛星間發射雷射光，藉由往返的時間差來檢測太初重力波。

宇宙弦
Cosmic string

宇宙弦是指，可能在初期宇宙發生真空相轉移（p.267）時產生，飄散於現代宇宙中的極高密度弦狀能量塊。不過，目前仍未在外太空發現宇宙弦。

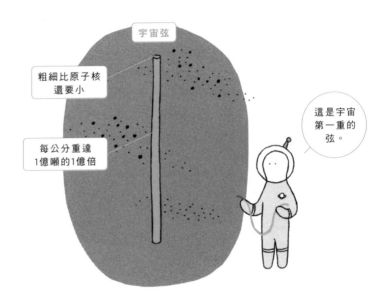

宇宙弦

粗細比原子核還要小

每公分重達1億噸的1億倍

這是宇宙第一重的弦。

形成環狀的宇宙弦會發出重力波？

科學家認為，形成圓環的「封閉宇宙弦」會振動發出重力波，然後逐漸消失。若能觀測到這樣的重力波，或許就能證明宇宙弦的存在。

重力波

透過重力波的研究，能夠了解許多東西。

JAXA

JAXA（宇宙航空研究開發機構，Japan Aerospace Exploration Agency），是負責日本航太開發政策的研究開發機構。在2003年10月，由宇宙科學研究所（ISAS）、宇宙航空技術研究所（NAL）、宇宙開發事業團（NASDA）三個組織合併成立。

NASA

NASA（美國太空總署），是美國於1958年成立的宇宙開發研究機構，已完成阿波羅計畫、太空梭計劃等任務。

ESA

ESA（歐洲太空總署），是歐洲各國共同成立的宇宙開發研究機構，本部設於法國巴黎。歐洲各國也有各自獨立的太空研究中心（法國的CNES、德國的DLR等）。

世界主要的宇宙機構

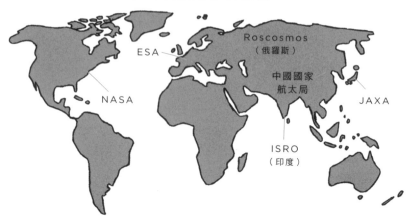

國際太空站
International Space Station

國際太空站（簡稱ISS），是美國、俄羅斯、日本、加拿大、EAS共用的有人太空設施。透過宇宙環境（微小重力、高真空等）的研究與實驗，進一步觀測地球與宇宙。

日本在ISS內建設了「希望號」太空實驗艙，目前正進行ISS的物資補給機「白鸛號」的開發與運用。

ISS的時程已經排至2024年，在那之後的任務計畫尚未決定。

國際太空站

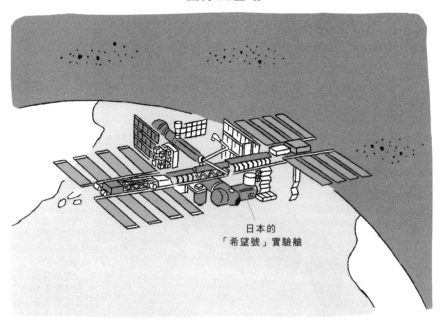

日本的
「希望號」實驗艙

寬約108公尺、
長約73公尺，
大概有足球場
這麼大。

在上空約400
公尺的地方，
以每圈90分鐘
的周期運行。

國立天文台

National Astronomical Observatory of Japan

國立天文台（NAOJ），是研究觀測天文學的日本國立研究所、大學共同利用機關。由東京大學東京天文台、緯度觀測所、名古屋大學空電研究所第三部門，在1988年合併成立。

國立天文台的主要據點（日本國內）

國立天文台野邊山
（野邊山宇宙電波觀測所等）

水澤校園
（VERA水澤觀測局等）

岡山天體物理觀測所
（188公分反射望遠鏡等）

茨城觀測局

山口觀測局

三鷹校園
（本部）

入來觀測局
鹿兒島觀測局

除此之外，對外開放天體望遠鏡的公共天文台，日本國內還有400多所唷。

小笠原觀測局

石垣島天文台

昂星團望遠鏡

Subaru Telescope

昂星團望遠鏡，是日本國立天文台建置於夏威夷島茂納開亞（Mauna Kea）火山頂（海拔4200公尺），口徑8.2公尺的大型光學紅外線望遠鏡。這是集結日本科學技術精華的高科技巨大望遠鏡，在1999年正式啟動觀測。

觀測超遠方（初期宇宙的）星系、恆星或行星的誕生現場、太陽系盡頭的晦暗天體，以及探索暗物質、暗能量的真面目等等，截至目前為止，昂星團望遠鏡不斷交出令人驚豔的成果。

TMT

Thirty Meter Telescope

TMT，是日本、美國、加拿大、中國、印度等共同參與建造的次世代超大型望遠鏡。由492塊複合鏡組成的口徑30公尺超巨大望遠鏡，預計2027年在茂納開亞火山頂啟動。藉由直接觀測系外行星（p.184）的表面、大氣組成，期望找到「生命可能居住的系外行星」；觀測宇宙剛開始發光的星體、星系，期望解開宇宙大尺度結構（p.222）是怎麼形成等等。

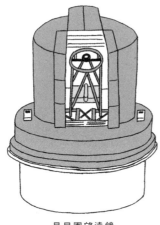

昂星團望遠鏡

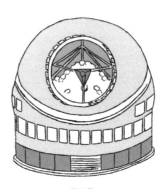

TMT
（完成預想圖）

ALMA望遠鏡

Atacama Large Millimeter／submillimeter Array

ALMA望遠鏡，是建置於南美智利阿塔卡瑪（Atacama）高地（海拔5000公尺）世界最大規模的電波望遠鏡。由日本等亞洲、北美與歐洲各國共同建設，在2013年迎來落成儀式。彙整66座陣列電波望遠鏡所接收到的數據，形成一座假想的巨大電波望遠鏡（稱為電波干涉儀），擁有昴星團望遠鏡、哈伯太空望遠鏡10倍解析度，相當於人類「視力6000（最大值）」的驚異成像能力。

ALMA望遠鏡

ALMA是「阿塔卡瑪大型毫米及次毫米波陣列」的簡稱唷。該詞在西班語裡還意謂著「靈魂」。

ALMA望遠鏡可觀測到什麼？

ALMA望遠鏡能夠觀測毫米波（p.282）、次毫米波，捕捉到超遙遠星系、超低溫宇宙空間發出的電波。因此，ALMA望遠鏡可用來探索星系是如何誕生進化的「星系誕生之謎」，以及年輕恆星的周圍是怎麼形成行星的「行星誕生之謎」（p.115）。另外，科學家還期望藉由觀測太空中各種原子、分子所發出的電波，找到與胺基酸等生命誕生有關的物質，進而解開「生命誕生之謎」。

哈伯太空望遠鏡

Hubble Space Telescope

哈伯太空望遠鏡，是NASA於1990年發射至高度600公里軌道運行的宇宙望遠鏡。這台望遠鏡能夠捕捉可見光、紅外線、紫外線，可觀測的波長範圍廣泛。雖然口徑不大僅2.4公尺，但作為不受大氣、氣候影響的「空中天文台」，歷經四個半世紀，為我們帶回了高清的天體影像及令人驚豔的宇宙真實樣貌。

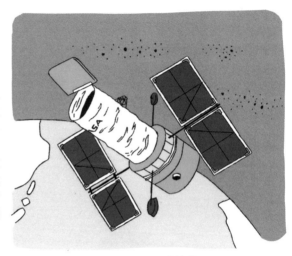

哈伯太空望遠鏡

詹姆斯·韋伯太空望遠鏡

James Webb Space Telescope

詹姆斯·韋伯太空望遠鏡，是NASA預定發射升空的哈伯太空望遠鏡後繼機。預計於2019年發射至離地球約150萬公里的地點，以口徑6.5公尺的主鏡捕捉紅外線，執行觀測宇宙初期形成的星體、星系，與調查系外行星等任務。

詹姆斯·韋伯太空望遠鏡
（完成預想圖）